ISBN 978-3-662-27629-7   ISBN 978-3-662-29116-0 (eBook)
DOI 10.1007/978-3-662-29116-0

DISSERTATIONEN DER TIERÄRZTLICHEN HOCHSCHULE BERLIN[1])

Die Acidität der Kuhmilch, ihre Bestimmung mit Calciumhydroxyd und ihre Beziehungen zur Trockenmasse.

Von

Nicolae Radoi, Bukarest,
Tierarzt.

(Aus dem Laboratorium der Lehr- und Versuchsanstalt der Emmentalerkäserei, Weiler i. Allgäu [Direktor: Dr. *H. Roeder*].)

[Referent: Prof. Dr. *J. Bongert.*]

Theoretischer Teil.
I. Die Milchzusammensetzung.

Die Milch besteht hauptsächlich aus Wasser, Fett, Käsestoff, Eiweiß, Milchzucker und Mineralsalzen und stellt eine Emulsion von Fett sowie eine Suspension von verschiedenen Stoffen in einer wässerigen Lösung dar, während ein Teil der Bestandteile auch in kolloider Form vorhanden ist. Nach *Raudnitz* lassen sich die Milchbestandteile je nach ihrem physikalischen Zustand folgendermaßen einteilen:

1. Als Emulsion ist das Fett vorhanden, von dem man lange Zeit annahm, es sei von einer besonderen Hülle umgeben, welche sich neuerdings als Verdichtung von Kolloiden erwies.

2. In Suspension befinden sich diejenigen Stoffe, welche wir heute als Kolloide bezeichnen, es sind der Käsestoff, das Lactoglobulin und eiweißähnliche Stoffe (soweit sie nicht gelöst sind). Darunter fallen nach der Raudnitzschen Definition auch Salze, von denen ein Teil kolloid vorliegt.

3. In gelöstem Zustande befinden sich in der Milch: der Milchzucker, Lactalbumin, Salze, Gase, stickstoffhaltige Extraktivstoffe, einige Enzyme und Spuren anderer Stoffe.

Außerdem finden sich wenige Leukocyten in der Milch.

Fleischmann teilt die Eiweißsubstanzen, die etwa 2,5—4,2% vom Milchgewicht betragen, in Casein, Lactalbumin und Globulin. In der Kuhmilch ist das Verhältnis Casein zu Lactalbumin 6 : 1 (Caseinmilchart), in Frauen-, Stuten- und Eselinnenmilch 1 : 1 (Albuminmilchart).

Seit 2000 Jahren bemühte man sich, die Zusammensetzung der Milch zu erforschen, *Hippokrates* unterschied bereits 3 Teile: Butter, Käse und Serum. Im 17. Jahrhundert wurde der Milchzucker erkannt, und etwas später das Molkeneiweiß, welches nach dem Käsen sich noch aus den Molken ausscheiden ließ. Der Unterschied zwischen Casein und Eiweiß war noch lange der Gegenstand wissenschaftlichen Streits, bis *Hammarsten* die heute noch geltende Theorie aufstellte, daß Casein, der Hauptbestandteil der Milcheiweißkörper, ein Nucleoalbumin ist, während das Lactalbumin ein phosphorfreies Eiweiß darstellt, das in gelöster

---

[1]) Für Inhalt und Form sind die am Kopf der Dissertationen angegebenen Herren Referenten mitverantwortlich.

Form vorliegt. Globulin ist nur in äußerst geringen Mengen vorhanden. Das Casein ist nach *Fleischmann* eine Säure, welche in der Milch an Kalk gebunden ist. Der beim Zentrifugieren der Milch auftretende Zentrifugenschlamm, welcher zum großen Teil aus Casein besteht, ist uns ein Beweis dafür, daß in der Milch im Moment des Zentrifugierens ein Teil des Caseins schon in grobdisperser Form vorliegen muß. Außerdem spricht die Tatsache, daß bei wiederholtem Zentrifugieren der Milch immer wieder, wenn auch kleiner werdende neue Mengen von Zentrifugenschlamm auftreten, dafür, daß während des Zentrifugierens kolloides Casein in den grobdispersen Zustand übergeht. Außerdem wird die Menge des Zentrifugenschlamms um so größer, je höher der Säuregrad der Milch ist, was dadurch zu erklären ist, daß bei ansteigender H-Ionenkonzentration ein immer größer werdender Teil des Caseins als Kolloid seiner Ladung beraubt und ausgeschieden wird. Schon bei oberflächlicher Betrachtung einer säuernden Milch sind an verschiedenen Stellen Caseinausscheidungen leicht zu beobachten, die je nach der vorherrschenden Infektion mit Milchsäurebakterien verschieden stark und rasch auftreten. Daß die rasch vibrierende Bewegung der Milch eine Veränderung des physikalischen Zustandes des Käsestoffes verursacht, geht auch aus der Erfahrung hervor, daß eine Milch, welche lange Zeit und rasch (mit der Bahn oder mit Automobil) transportiert wurde, beim Verkäsen veränderte Eigenschaften dem Labenzym gegenüber zeigt.

Nicht ganz aufgeklärt ist noch das Verhältnis des Caseins zu den in der Milch vorhandenen Kalksalzen, welches hauptsächlich bei der Labgerinnung eine große Rolle spielt. Nach *Hammarsten* ist das Casein in der Milch ursprünglich als Kalksalz vorhanden. Durch die Einwirkung des Labes, welches zwei Enzyme, ein spaltendes und ein fällendes, enthält, wird das Calciumcaseinat zunächst in Casein und Kalk gespalten. Dann spaltet sich das Casein in zwei einfachere Verbindungen, das Paracasein und das Molkeneiweiß. Das letztere bleibt in der Molke gelöst, während sich das Paracasein mit dem Kalk wieder zu Paracaseinkalk verbindet. Letztere Substanz ist der durch das Fällungsenzym ausgeschiedene Käse. Mit dem Käse fällt ein Teil der anderen Milchbestandteile, so hauptsächlich das Fett, von gerinnendem Käsestoff eingeschlossen, bei der Labgerinnung heraus. Bei der Gerinnung der Milch durch spontane Säuerung dagegen entzieht die entstehende Milchsäure dem Caseinkalk den Kalk, wodurch freies Casein bleibt; letzteres wird durch die oben angedeuteten physikalischen Vorgänge zur Ausscheidung gebracht.

Durch die noch zum Teil ungeklärten Zusammenhänge der einzelnen Milchbestandteile in bezug auf ihren physikalischen Zustand wird die milchwirtschaftliche Forschung sehr erschwert; die Milch ist ein Gemisch von Körpern, welche sich im Moment der Untersuchung in einem labilen Gleichgewicht befinden, aus welchem sie durch chemische Einwirkungen irgendwelcher Art herausgedrängt werden. Besonders die Kolloide werden gegenseitig (Schutzkolloide) oder durch elektrische Spannungen in ihrem Zustand erhalten. Beim Zusatz von Elektrolyten, wie Säuren, Basen oder Salzen, kann man mit der größten Sicherheit damit rechnen, daß ein Teil der Kolloide in einen anderen Zustand übergeht. Ferner wird die Milchforschung noch dadurch erschwert, daß die Milch beständig bakteriologischen Veränderungen ausgesetzt ist. Die Forschung der Milchchemie muß sich ausschließlich mit der Milch von Einzeltieren befassen, da jede Milch gewissermaßen ein Teil des Individuums ist und daher die Eigenschaften des Einzeltieres widerspiegelt, während bei Mischmilch nur mehr Durchschnittswerte zu erkennen sind, deren Einzelfaktoren oft weit auseinanderliegen.

Besonders schwierig ist die Erforschung der Salzbestandteile der Milch, da diese den meisten Schwankungen durch Veränderungen des physikalischen Zustandes ausgesetzt sind, und weil bei der Herstellung der Milchasche ein Teil der Aschenbestandteile nicht aus den Salzen, sondern aus dem organisch gebundenen Kalk und Phosphor der Milch stammt.

II. Die Reaktion der Milch gegen Indikatoren.

Gegen Lackmus ist die Reaktion der frischen Milch normalerweise amphoter, gegen Methylorgane schwach alkalisch, beim Erwärmen etwas stärker. Titration mit $^n/_{100}$-Schwefelsäure und Methylorgane gibt nach *Rievel* 10,8. Bei altmelken Kühen ist die alkalische Reaktion stärker als bei frischmelken, wohl infolge Vorwiegens von Alkalisalzen. Gegen Phenolphtalein reagiert Milch sauer. Dieses Verhalten wird zur Bestimmung der Säure verwendet. Die alkalische Reaktion stammt von Dialkaliphosphaten und Carbonaten, die saure von Monophosphaten, freier Kohlensäure und bei alter Milch von Milchsäure:

III. Die Acidität der Milch.

In vollständig frischem Zustand zeigt die Milch trotz der sauren Reaktion einen ausgesprochenen süßen Geschmack, was darauf zurückgeführt wird, daß der süß schmeckende Milchzucker den sauren Geschmack verdeckt. Erst, wenn durch die fortschreitende Säuerung der Milchzuckergehalt abnimmt, tritt der saure Geschmack hervor.

1. Der ursprüngliche Säuregrad.

Der hauptsächlichste Faktor, der den ursprünglichen Säuregrad verursacht, ist das Kalium-Monophosphat (KH_2PO_4). Beim Titrieren mit NaOH wird das Monophosphat bis zum Diphosphat verwandelt, welch letzteres gegen Phenolphtalein schwach alkalisch reagiert, d. h. es schwach rosarot färbt:

$$NaH_2PO_4 + NaOH = Na_2HPO_4 + H_2O.$$

Wenn man weiter titriert, so wird die Färbung dunkelrot unter Bildung von Triphosphat: $Na_2HPO_4 + NaOH = Na_3PO_4 + H_2O$. Außer dem Monoalkaliphosphat wirkt noch die Kohlensäure, welche stets in frischer Milch gelöst ist, als Säure beim Titrieren. Der Beweis dafür kann dadurch erbracht werden, daß der Säuregrad nach den Melken abnimmt, besonders wenn die Kohlensäure durch Schütteln oder Auspumpen entfernt wird. Allerdings wird der Neutralpunkt beim Titrieren der Kohlensäure mit NaOH dadurch etwas verschoben werden, daß am Endpunkt der Reaktion, wenn also alle CO_2 in Na_2CO_3 übergeführt ist, eine gegen Phenolphtalein stark alkalische Reaktion vorhanden ist. Somit tritt die Rötung des Phenolphtaleins schon ein, solange noch $NaHCO_3$ vorhanden ist.

Von einer Neutralisation des Caseins als Säure kann eigentlich bei frischer Milch bei der Titration mit NaOH nicht gesprochen werden, da das Casein in der Milch an Kalk schon gebunden ist.

Anders werden die Verhältnisse in Milch, welche in spontane Säuerung übergegangen ist. Durch die bakterielle Zersetzung des Milchzuckers wird freie Milchsäure gebildet. Es findet also eine direkte Produktion von H-Ionen statt. Die Milchsäure löst die Diphosphate der alkalischen Erden unter Bildung von Monophosphaten:

$2\,CaHPO_4 + 2\,CH_3\,CHOH\,COOH = Ca\,(H_2PO_4)_2 + Ca\,(CH_3CHOHCO_2)_2$,

$Ca\,(H_2PO_4)_2$ wird aber durch die zugesetzte NaOH neutralisiert zu $CaHPO_4$ und Na_2HPO_4 (Rosafärbung):

$$Ca\,(H_2PO_4)_2 + 2\,NaOH = CaHPO_4 + Na_2HPO_4 + 2\,H_2O.$$

Daß diese Reaktionen bei der Milchsäuerung auftreten, ist eigentlich nicht ohne weiteres anzunehmen, denn es könnte ebensogut die freie Milchsäure als solche die Acidität bedingen und die NaOH aufnehmen. Der Beweis für die Zersetzung der Diphosphate durch die Milchsäure ist aber dadurch erbracht, daß:

1. das in der Milch vorhandene $CaHPO_4$ und das $MgHPO_4$ in Milchsäure sich auflösen und dabei die Acidität entsprechend erhöhen;

2. durch Zusatz von $CaCl_2$ zur Milch wie zu einer Lösung von $CaHPO_4$ in Milchsäure die Acidität bedeutend erhöht wird, und zwar ebenso wie bei Zusatz von $CaCl_2$ zu $Ca\,(H_2PO_4)_2$. Es hat sich nämlich erwiesen, daß der Laugenverbrauch des $Ca\,(H_2PO_4)_2$ bei Gegenwart von $CaCl_2$ bedeutend höher war als ohne letzteres, was nur durch einen Vorgang nach folgender Gleichung erklärt werden kann:

a) $Ca\,(H_2PO_4)_2 + 2\,NaOH = CaHPO_4 + Na_2HPO_4 + 2\,H_2O$;

b) $Ca\,(H_2PO_4)_2 + 2\,CaCl_2 + 4\,NaOH = Ca_3\,(PO_4)_2 + 4\,NaCl + H_2O$.

Tatsächlich wurde bewiesen, daß bei der ersten Reaktion $CaHPO_4$ bei der zweiten jedoch $Ca_3\,(PO_4)_2$ entsteht. Durch diese Versuche ist auch die Rolle des $CaCl_2$ in seiner Säure erhöhenden Eigenschaft bei Zusatz zu Milch erklärt, während *Raudnitz* dafür die Beziehung aufstellt: $2\,NaH_2PO_4 + 3\,CaCl_2 = Ca_3\,(PO_4)_2 + 2\,NaCl + 4\,HCl$. Allerdings gibt dieser Autor selbst zu, daß die Reaktion in Wirklichkeit wohl nicht in diesem Sinne verlaufen wird. Die obigen Versuche ergaben allgemein, daß, wenn $CaCl_2$ vorhanden ist, bei der Titration saurer Phosphate mit NaOH nicht $CaHPO_4$, sondern $Ca_3\,(PO_4)_2$ als Endprodukt entsteht, so daß eine größere Laugenmenge verbraucht wird bis zur Rotfärbung. Durch die bakterielle Säuerung wird also der Säuregrad nicht allein um die Milchsäuremenge, sondern auch um die löslich gewordenen H-Atome vergrößert. Durch Zusatz von Wasser zu Milch wird der Säuregrad erniedrigt: Es wird durch Ausfällung von Diphosphat wieder H unlöslich. Nach Vorstehendem ist es nicht unmöglich, daß der Säuregrad mit der fettfreien Trockenmasse in bestimmten Beziehungen steht.

2. Der bakterielle Säuregrad.

Nach dem Melken bleibt die Milch nur einige Zeit, deren Länge von der Reinlichkeit bei der Melkarbeit hauptsächlich abhängt, unverändert. Diese Phase nennt man das Inkubationsstadium und suchte sich das Gleichbleiben des Säuregrades damit zu erklären, daß CO_2 verschwindet und dafür Milchsäure entsteht. Das ist jedoch nicht der Fall. Vielmehr ist das Inkubationsstadium von der bakteriziden Kraft der frisch ermolkenen Milch abhängig. Nach Beendigung der Inkubation steigt der Säuregrad infolge der Vermehrung von Milchsäurebakterien, welche aus dem Milchzucker Milchsäure bilden (S. Ursprünglicher Säuregrad). Normalerweise ist nach der heutigen Anschauung die Milch im Euter bakterienfrei, wird also erst nach dem Melken infiziert. *Freudenreich* teilt die Bakterien der Milch in solche, die regelmäßig, und solche, die zufällig vorhanden sind, dann in solche, die sich von Milchzucker vorzugsweise nähren, und solche, die Eiweiß abbauen. Außerdem kommen in der Milch zuweilen Milchzucker vergärende Hefen vor.

3. Der aktuelle Säuregrad.

Darunter versteht man die H-Ionenkonzentration der Milch. Es hat sich vielfach erwiesen, daß in biologischer Beziehung nicht die titrierbare Säuremenge, sondern die H-Ionenkonzentration die Hauptrolle spielt. So hängt die Gerinnbarkeit der Milch bei der Koch- und Alkoholprobe wie auch beim Labzusatz vom aktuellen Säuregrad ab.

IV. Die Bestimmung des Säuregrades.

Für die Kenntnis der Sekretions- und Gewinnungsverhältnisse sowohl wie auch für die Zwecke der Milchverwertung ist es häufig von Wichtigkeit, den Säuregrad zu bestimmen. Zu diesem Behufe gibt es eine Reihe von Methoden, von denen die einen die H-Ionenkonzentration messen: die Sinnenprobe, Kochprobe, Alkoholprobe, Alizarolprobe, elektrolytische Bestimmung (Widerstandsmessung). Die andere Gruppe bestimmt die Säuremenge durch Titration. Solche Methoden sind: diejenigen von *Soxhlet-Henkel*, *Peter*, *Thörner*, *Dornic*, *Morres*, und endlich die von *Herz* vorgeschlagene Kalkwassermethode. Die letztere sollte den Vorteil haben, daß bei der Titration die löslichen Carbonate ausgeschaltet werden, und außerdem sollte der Praktiker den Vorteil haben, jederzeit sich gelöschten Kalk verschaffen zu können.

Experimenteller Teil.
I. Versuche zur Bestimmung der Acidität mit Kalkwasser.

Da die Vermutung naheliegt, daß bei der Verwendung von natürlichem Kalk der Titer des entstehenden Kalkwassers durch anwesende fremde Basen gestört werden könnte, z. B. durch Soda, welche mit Ca(OH)$_2$ NaOH bilden könnte, wurde die Herstellung von Kalkwasser mit verschiedenen Kalksorten des Handels versucht, wobei zunächst das Hauptaugenmerk der Frage zugewandt wurde, welche Zeit in Anspruch genommen wird, bis der Titer des Kalkwassers konstant ist. Zu diesem Zwecke wurde gebrannter Kalk mit Wasser gelöscht und in Wasser verschiedner Herkunft so aufgeschlämmt, daß noch ein kräftiger Bodensatz blieb. Aus diesem Bodensatz soll sich nun nach der Anschauung *Herz'* in demselben Maße Kalk nachlösen, als durch die Kohlensäure der Luft aus der Lösung als CaCO$_3$ ausgefällt wird. Außerdem soll der Praktiker, wenn das Kalkwasser verbraucht ist, dasselbe einfach durch Aufgießen von Wasser und Umschütteln erneuern können. Bei der Ausführung der Versuche zeigte sich, daß das Kalkwasser erst nach 3—4 Tagen einigermaßen konstant war, und daß, wie erwartet, verschiedene Kalksorten verschiedene Titer lieferten, außerdem, daß das Kalkwasser gegen Stehen an der Luft sehr empfindlich war und das Nachlösen des Kalkes durchaus nicht so glatt vor sich geht, wie *Herz* meinte. Der durchschnittliche Titer des Kalkwassers war 2,3 ccm Kalkwasser auf 1 ccm $n/_{10}$-Schwefelsäure. Durch die gefundenen Unregelmäßigkeiten bei der Kalkwasserherstellung ist die Methode für die Praxis schon unbrauchbar.

II. Vergleichende Titrationen mit NaOH und Kalkwasser.

Der innere Unterschied zwischen der Titration mit NaOH und der mit Ca(OH)$_2$ liegt darin, daß 1. bei Verwendung von NaOH die Titration nur bis zum Diphosphat geht, während bei Ca(OH)$_2$ Tricalciumphosphat entsteht (s. weiter oben), daß 2. durch die größere Wassermenge des verdünnten Kalkwassers eine weitergehende Hydrolyse der Kalksalze in der Milch eintreten wird. Es war anzunehmen, daß der Unterschied zwischen den Titrationsergebnissen mit NaOH und denen mit Ca(OH)$_2$ Beziehungen zum Gehalt der Milch an Kalksalzen und vielleicht an fettfreier Trockenmasse aufweisen würde. Es wurde im weiteren Verlauf in einer großen Reihe von Milchen der Säuregrad gegen NaOH, dann gegen Ca(OH)$_2$ sowie das rechnerische Verhältnis der Ca-Grade zu den Na-Graden festgestellt. Bei einer Anzahl von Mischmilchen zeigte sich dabei, daß die Na-Grade etwa 0,7—1,0 (ccm NaOH), die Kalkgrade durchschnittlich 5,8—6,0 waren. Das Verhältnis Ca : Na war etwa zwischen 6 und 7. Bei ansteigender Säuerung verschob sich das Verhältnis nicht regelmäßig, ebensowenig bei Verdünnung mit Wasser. In einer weiteren Versuchsreihe wurde gleichzeitig jedesmal die fettfreie Trockenmasse durch Bestimmung des spez. Gewichtes und des Fettes und Berechnung nach der Herzschen Formel festgestellt. Auch hierbei zeigte sich keine Regelmäßigkeit. Bei den nachfolgenden Versuchen wurde stets Milch von einzelnen Tieren verwendet und die Trockenmasse quantitativ bestimmt.

III. Vergleich der Titrationen mit der Milchtrockenmasse.

Die Feststellung der Milchtrockenmasse kann entweder durch Berechnung oder durch quantitative Bestimmung geschehen. Für die erstere Art der Feststellung gibt es eine Reihe von Formeln, welche jedoch alle von einem konstanten spez. Gewicht der fettfreien Milchtrockenmasse ausgehen, das aber nicht im allgemeinen angenommen werden darf. Solche Formeln bestehen von *Fleischmann*, *Babcok*, *Bertschinger*, *Halenke* und *Möslinger*, *Herz* und *Meyerhoff*.

Zur quantitativen Bestimmung der Trockenmasse besteht ebenfalls eine große Reihe von Verfahren. Die Schwierigkeit bei der Bestimmung besteht darin, daß sich beim Erhitzen der Milch auf der Oberfläche derselben eine Haut bildet, welche das Entweichen des Wassers verhindert. Es wurden zur Vermeidung dieses Umstandes verschiedene Zusätze empfohlen, wie Formalin, Essigsäure, Aceton, Alkohol. Ich verwendete folgendes Verfahren: 10 ccm Milch wurde in eine Nickelschale gewogen, mit 10 ccm Alkohol und 2—3 Tropfen Eisessig versetzt und bis zur Gewichtskonstanz bei 105—110° getrocknet, wozu ca. 2 Stunden Zeit notwendig waren. Die Untersuchung von 108 Einzelmilchproben auf Trockenmasse, die beiden Säuregrade, Fett, spez. Gewicht und das Verhältnis der Säuregrade ergaben folgende Resultate:

1. Die Fettgehalte der Milch schwankten sehr stark, was auf die Individualität der einzelnen Tiere zurückgeführt werden muß. Gleiche Feststellungen sind bereits von vielen anderen Autoren gemacht worden. Bei Einzeltieren und bei kleinen Herden ist also eine Schlußfolgerung aus dem Fettgehalt mit Vorsicht aufzunehmen (Fälschungen!).

2. Die großen Unterschiede in den Gesamttrockenmassegehalten resultieren meistens aus den Fettschwankungen.

3. Die fettfreie Trockenmasse schwankt, dem Wiegnerschen Gesetz folgend, viel weniger.

4. Die Säuregrade schwanken nicht parallel mit der fettfreien Trockenmasse, woraus hervorgeht, daß der Säuregrad nur in geringem Maße vom Caseingehalt, hauptsächlich aber vom Salzgehalt abhängt. Da bei fortschreitender Laktation im allgemeinen der Säuregrad abnimmt, muß der Schluß gezogen werden, daß in der altmelken Milch weniger sauer wirkende Alkaliphosphate vorhanden sind als in

der frischmelken. In Anbetracht, daß der Gehalt an Gesamttrockenmasse mit fortschreitender Laktation ansteigt und auch der Kalkgehalt nicht abnimmt, müssen am Ende der Laktation mehr basisch wirkende Alkalisalze vorhanden sein als am Anfang.

5. Die Kalkwassergrade bewegen sich in derselben Richtung wie die Na-Grade, jedoch nicht parallel, mit Ausnahme der Fälle, in welchen Teile desselben Gemelkes vorlagen. Dabei war die Ursache des veränderten Säureg ades in beiden Fällen dieselbe, nämlich die Veränderung des Fettgehaltes — und damit des Volumens —, während die Zusammensetzung der fettfreien Trockenmasse dieselbe blieb.

Um die Beziehung der beiden Säuregrade zueinander deutlicher zum Ausdruck zu bringen, wurden endlich die Kalkwassergrade auf $n/_4$-Kalkwasser umgerechnet. Die verbrauchten Kubikzentimeter Kalkwasser mußten zu diesem Zweck um 0,148 vermehrt werden. Das Ergebnis der Berechnung war, daß die Kalkwassergrade ($1/_4$) fast durchwegs um 1—10 Hundertstel höher waren als die Na-Grade, was nach der Erklärung bei der Titration auch zu erwarten war. Eine Gesetzmäßigkeit mit den Veränderungen der Trockenmasse war jedoch auch hier nicht zu erkennen.

Die Methode der Bestimmung des Säuregrades der Milch mit Kalkwasser ist also mit der bisherigen NaOH-Methode nicht vergleichbar, was ihre praktische Anwendung sehr erschwert, wenn nicht ausschließt.

Literaturverzeichnis.

1888: Landwirtschaftl. Versuchs-Stationen. — 1893: *v. Freudenreich*, Die Bakteriologie in der Milchwirtschaft. Basel. 1. Aufl. S. 29, 36, 42, 54. — 1898: *Fleischmann*, Lehrbuch der Milchwirtschaft. Bremen. 2. Aufl. S. 28, 29, 30, 31, 36. — 1904: *Schnorf*, Physikalisch-chemische Untersuchungsmethoden der Milch. Zürich. — 1906: *Koning*, Biologische und biochemische Studien über Milch. Heinsius, Leipzig. 1. Aufl. S. 51. — 1907: *Foa*, Milchwirtschaftl. Zentralbl. Nr. 5, S. 219. Schaper, Hannover. — 1908: *Teichert* und *Ess*, Probemelkungen an Allgäuer Kühen. Heinsius, Leipzig. S. 19. — 1909: *Sommerfeld, P.*, Handbuch der Milchkunde. Wiesbaden. 1. Aufl. S. 158, 161, 162, 215, 250, 267. — 1909: *Teichert, K.*, Methoden zur Untersuchung der Milch und Molkereiprodukte. Enke, Stuttgart. 1. Aufl. S. 48, 98, 110. — 1910: *Rievel*, Milchkunde. Hannover. 2. Aufl. S. 308, 356, 357. — 1910: *Grimmer*, Physiologie und Chemie der Milch. Parey, Berlin. S. 182. — 1911: *Weigmann, H.*, Mikologie der Milch. Heinsius, Leipzig. 1. Aufl. S. 49. — 1913: *Alemann*, Milchwirtschaftl. Zentralbl. Nr. 2, S. 39. Schaper, Hannover. — 1919: *Obermaier*, Diss. Frankfurt. — 1920: *Fleischmann*, Lehrbuch der Milchwirtschaft. Parey, Berlin. 6. Aufl. S. 9, 29, 32, 34, 35, 76. — 1920 u. 1921: *Roeder, H.*, Jahresbericht der Lehr- und Versuchsanstalt Weiler. Weiler. S. 67, 97, 178, 205. — 1922: Forschungen auf dem Gebiete der Milchwirtschaft. Greifswald. H. 3, 4, 6. — 1922: *Roeder*, Milchwirtschaftl. Zentralbl. Nr. 7. Schaper, Hannover. — 1922: *Roeder*, Süddtsch. Molkerei-Ztg. Nr. 75. Kempten. — 1922: *Weiss*, Schweiz. Milch-Ztg. Nr. 52. Küln, Schaffhausen. — 1922: *Roeder*, Diss. München. S. 16. — 1923: *Roeder* und *Diem*, aus einer noch nicht veröffentlichten Arbeit. Weiler.

Beitrag zum biochemischen und serologischen Verhalten der Paratyphaceen mit besonderer Berücksichtigung des Bacterium paratyphi abortus equi*).

Von

Georg Wilhelm,
approbiertem Tierarzte aus Alsfeld.

(Aus dem Hygienischen Institut der Tierärztlichen Hochschule zu Berlin [Direktor: Geh. Medizinalrat Prof. Dr. *Frosch*].)

[Referent: Geh. Reg.-Rat Prof. Dr. *Frosch*.]

In der Veterinärmedizin tritt in neuerer Zeit die Coli-Typhusgruppe in den Vordergrund. Einmal wegen der bakteriologischen Fleischbeschau und außerdem durch ihre große Bedeutung für die Viehzucht. Man braucht nur an Ferkel-, Lämmer-, Kälber-, Fohlenkrankheiten und an das seuchenhafte Verwerfen verschiedener Tierarten zu denken, die zum größten Teile durch Bacillen der Coli-Typhusgruppe hervorgerufen werden und deren Bekämpfung im Interesse der Landwirtschaft unbedingt notwendig ist.

Ihrem Verhalten nach stehen die Paratyphaceen zwischen Bacterium coli commune und Bacterium typhi hominis gewissermaßen als Übergang. Nach *Hübener*[1]), *Weber* und *Händel*[2]) lassen sich die Paratyphaceen serologisch in drei Untergruppen einteilen:

a) Paratyphusgruppe, welcher außer Para B-Schottmüller und den ihm kulturell und serologisch sich gleichverhaltenden Fleischvergifterstämmen noch das Bacterium typhi murium, suipestifer und psittacosis zugehören.

b) Gärtnergruppe.

c) Die a) und b) vollkommen gleichen Stämme, die aber durch die spezifischen Seren nicht beeinflußt werden.

Kulturell lassen sich nach *Weber* und *Händel* die Paratyphaceen untereinander nicht unterscheiden.

Dieselbe Einteilung finden wir auch bei *Standfuss*[3]), *Uhlenhuth* und *Hübener*[4]). *Standfuss* weist besonders auf kulturelle und serologische Schwankungen innerhalb der Paratyphaceengruppen hin, so daß sich sogar Unterschiede zwischen Para B und Gärtner verwischen. Er bestätigt, daß die Agglutination bei frischen und länger künstlich gezogenen Bacillen mutieren kann. Anderseits zeigt er auch auf biochemische Verschiedenheit trotz serologischer Übereinstimmung (Ferkeltyphus) hin.

Auch *Baerthlein*[5]) u. a. konnten bei längerer Züchtung von Para B-Bakterien auf künstlichen Nährböden sprungweise in Erscheinung tretende Veränderungen der biologischen Eigenschaften beobachten (Mutation!).

---

*) Das Tabellenmaterial ist im Hygienischen Institute der Tierärztlichen Hochschule zu Berlin niedergelegt.

So erklärt sich die Schwierigkeit, das Bacterium paratyphus abortus equi einer bestimmten Untergruppe der Paratyphaceen einzureihen.

Kleine kulturelle Unterschiede, z. B. Häutchenbildung an der Oberfläche, wie sie Jensen[6]) beschreibt, oder das Unvermögen, Schwefelwasserstoff zu bilden, und die erhöhte Empfindlichkeit gegenüber Malachitgrün machen es nicht angängig, den Abortistämmen auf Grund ihrer kulturellen Eigenschaften eine Sonderstellung innerhalb der Para B-Gruppe einzuräumen.

Zeller[7]) fand, daß Seren der Para B-Gruppe Abortusstämme durchweg ziemlich hoch (1:6000) agglutinierten, erheblich höher jedenfalls als die Gärtnerseren, und zieht daraus den Schluß, daß die Abortusstämme der Para B-Gruppe näher stehen als der Gärtner-Gruppe.

Dasselbe ist auch von Glander[8]) festgestellt worden.

Gminder[9]) hingegen fand nach vergleichenden Agglutinationsversuchen, die mit den in Fällen von seuchenhaftem Verfohlen gezüchteten Paratyphusbacillen und mit verschiedenen agglutinierenden Seren von typischen Vertretern der Paratyphus-Enteritisgruppe angestellt wurden, daß die einzelnen Pferdeabortusstämme öfters erhebliche Unterschiede (Mutation) in ihrem serologischen Verhalten erkennen lassen. Er stellte sowohl Gärtner- als auch Para B-ähnliche Stämme fest.

Christiani[10]) konnte mit je einem mono- und polyvalenten Abortusserum Abortusstämme durch hohe Agglutinationswerte von den übrigen Paratyphaceen abtrennen. Ein Teil der Abortusstämme ließ sich durch diese Seren bedeutend höher agglutinieren als durch andere Seren, so daß sie als Paratyphus abortus equi im eigentlichen Sinne angesehen werden können. Der andere Teil wurde von Para B-Serum am höchsten agglutiniert, so daß diese echte Para B-Stämme darstellten. Mit Typhusserum konnte er innerhalb der Abortusgruppe die echten Paratyphusstämme von den übrigen Abortusstämmen trennen. Ein gleiches Trennungsvermögen stellte er bei Paratyphus A-Serum fest.

Para B- und Gärtner-Serum dagegen konnten innerhalb der Abortusgruppe nicht differenzieren.

Auch Giessel[11]) ist es nicht gelungen, mit Hilfe der Agglutination eine bestimmte Differenzierung herbeizuführen.

So haben also bis jetzt die verschiedenen Agglutinationsversuche abweichende Resultate erzielt. Vielleicht spielt die Mutation innerhalb der Paratyphaceen eine viel größere Rolle, als seither vermutet wurde [siehe Kolle-Wassermann[11])]. Vielleicht rechnen wir zur Zeit mit viel mehr Untergruppen innerhalb der Paratyphaceen, als berechtigt ist?

Um zur Klärung dieser Frage beizutragen, wurde mir vom Geheimrat Prof. Dr. Frosch die Aufgabe gestellt, Untersuchungen darüber anzustellen, ob eine Gruppierung der Paratyphaceen, besonders innerhalb der Abortusgruppe, durch verschiedene Zusätze zu den gebräuchlichen Differenzierungsnährböden oder durch Agglutination mit besonderer Berücksichtigung des Castellanischen Absättigungsversuches möglich sei.

Die Differenzierungsversuche sollten angestellt werden:

1. Mit Lackmuslösung ohne Serum,
2. Mit Lackmuslösung mit Serum,
3. durch Zusatz von Glykosiden zu Nährböden,
4. durch Agglutination (Absättigungsversuch).

Bevor ich zu den eigenen Versuchen übergehe, muß ich noch einiges über Differenzierungsversuche mit Hilfe von Glykosiden erwähnen, soweit ich solche in der Literatur fand.

Fermi und *Montesano*[14]) berichten schon 1894 über Versuche mit Amygdalin. Sie benutzten gewöhnliche Bouillon mit 3% Amygdalin, womit sie einige Bacillen zu differenzieren versuchten, und zwar je nach ihrer Fähigkeit, aus Amygdalin Benzaldehyd zu erzeugen. Die Ergebnisse, die sie dabei erzielten, haben hier wenig Bedeutung.

Van der Leck[15]) bespricht die Glykoside Indican, Amygdalin und Äsculin. Er ist der Meinung, daß die Spaltung der Glykoside in zuckerfreien Medien besser vor sich gehe, da die Bakterien dann nur auf diese angewiesen seien. Zu Fleischbouillon-Gelatineplatten setzt er $^1/_2$% Indican. Es wird Indoxyl abgespalten, welches sich durch den Sauerstoff der Luft blau färbt. Mit Hilfe von Indican ist es ihm gelungen, die Aerobaktergruppe (mit B. coli communis) von dem Bac. aromaticus zu trennen, da letzterer nicht gespalten hat. Außerdem stellte er Proben an mit Äsculin (nur 0,1%) und einer Spur Ferrocitrat, wodurch das entstehende Äsulitin grünlich gefärbt wird. Auch hierbei zeigte sich Bacillus aromaticus im Gegensatz zu den anderen negativ.

Eine große Anzahl (49) Glykoside prüfte *Twort*[16]), und zwar mit 18 Bakterienarten, die zur Coli-Typhusgruppe gehören. In seinen Versuchen sind auch die 6 Glykoside vertreten, die bei den nachfolgenden Versuchen benützt worden sind. Als Nährboden verwendet er Peptonwasser, das 2% Glykosid enthält, und zwar ein Teil mit Lackmuslösung, der andere ohne Lackmus, um zu sehen, ob sich bei dem zu prüfenden Glykosid Farbenveränderungen bemerkbar machen. Neben der Säurebildung prüft er noch mit Hilfe eines umgekehrten Glasröhrchens (nach *Durham*) die Glasbildung. Nach seinen Schlußfolgerungen kann eine große Anzahl Glykoside durch viele Bakterien der Coli-Typhusgruppe vergoren werden. Die Vergärung schwankt aber je nach den geprüften Mikroorganismen, und diese Schwankungen sind innerhalb jeder Untergruppe ebenso groß wie zwischen je zwei benachbarten Bakterienuntergruppen. Auch er stellt fest, daß sich die Fähigkeit eines Mikroorganismus, Zucker zu vergären, durch längere künstliche Züchtung variieren läßt und ist der Überzeugung, daß pathogene Mikroorganismen soweit verändert werden können, daß sie auch die für nichtpathogene Mitglieder ihrer Gruppe charakteristische Reaktionen geben. Pathogene Bakterien der Coli-Typhusgruppe lassen sich in ihren Eigenschaften derartig verändern, daß sie vollkommen unkenntlich sind, wenn sie einige Zeit außerhalb des Körpers im Boden, Wasser usw. wachsen.

Also auch hier die schon oben erwähnte Mutation (Variation).

Eigene Versuche.

Die Versuche, eine biochemische Unterscheidung der einzelnen Paratyphusstämme des seuchenhaften Abortus herbeizuführen, wurden vorgenommen mit 15 Stämmen Paratyphus B, die aus abortierten Föten gezüchtet waren, unter Kontrolle von 8 anderen Stämmen aus der Coli-Typhusgruppe:

Stamm 1 Typhus murium
„ 3 Ferkeltyphus
„ 9 Suipestifer Kunzendorf
„ 10 Gärtner
„ 16 Coli

Aus dem Hygienischen Institut der Tierärztlichen Hochschule Berlin.

Stamm 20⎫
„ 22
„ 24
„ 25
„ 26
„ 27
„ 28
„ 29 } Abortus   Aus dem Hygienischen Institut der Tier-
„ 30   ärztlichen Hochschule Berlin
„ 31
„ 32
„ 35
„ 36
„ 37
„ 39⎭
„ 40 Para B hominis vom Institut Robert Koch, Berlin
„ 41 Typhus hominis vom Institut Robert Koch, Berlin.
„ 42 Para A aus dem Reichs-Gesundheitsamte.

Sämtliche Stämme wurden zunächst durch die bunte Reihe auf ihre biochemische Zugehörigkeit geprüft. Bei der bunten Reihe wurden folgende Nährböden verwandt:

1. Lackmusmolke nach Seitz. 2. Milch. 3. Barsiekow I. 4. Barsiekow II. 5. Neutralrotagar. 6. Hetschlösung. 7. Traubenzuckerbouillon. 8. Milchzuckerbouillon. 9. Lackmuslactoseagar nach *Conradi-Drigalski*. 10. Fuchsinlactoseagar nach *Endo*.

Die Stämme zeigten bei dieser Prüfung das ihrer Gruppenzugehörigkeit eigene Verhalten.

Zur Klärung der Frage, ob die einzelnen Stämme durch Zusätze zu den Nährflüssigkeiten untereinander verschieden gruppiert werden können, wurden zunächst folgende Versuche angestellt mit:

1. Lackmuslösung nach *Seitz* ohne Serum,
2. Lackmuslösung nach *Seitz* mit 5% Serum.

Dabei verhielten sich in Lackmuslösung ohne Serum die Stämme mit Ausnahme des Stammes 24 (Abortus), der keinen vollständigen Umschlag in Blau zeigte, so wie es ihrer Stammeseigentümlichkeit entsprach. Bei der Prüfung der Stämme mit Lackmuslösung + Serum zeigten die Stämme 20, 22, 24, 28 (Abortus) keinen vollständigen Umschlag in Blau; desgleichen nicht Stamm 3 (Ferkeltyphus). Die Abortusstämme 25, 26, 27, 29, 30, 31, 32, 35 und 37 zeigten kein oder nur ein geringes Abweichen in ihrem Verhalten.

Der Stamm 39 (Abortus) schlug in der Lösung ohne Serum am 18. Tage in Blau um, dagegen in der Lösung mit Serum schon am 4. Tage. Ein ähnliches Verhalten wies auch der Stamm 1 (Mäusetyphus) und der Stamm 9 (Kunzendorf) auf.

Weiterhin wurde das Verhalten der verwandten Stämme mit Glykosiden geprüft. Dazu wurde Peptonwasser mit einem Zusatz von

0,5% des betreffenden Glykosids mit Gärungsröhrchen zur Beobachtung etwaiger Gasbildung, andererseits mit Lackmuslösung zur Feststellung etwaiger Säurebildung angesetzt.

I.

Versuch zur Feststellung der Gasbildung.

Es wurden folgende Glykoside verwandt:
1. Apiin. 2. Phloridzin. 3. Iridin. 4. Salicin. 5. Arbutin. 6. Amygdalin.
Bei Apiin war bei keinem der Stämme eine Gasbildung zu beobachten. Eine Unterscheidung gewährte nur der Eintritt der Trübung der Nährflüssigkeit. Die Stämme 10 (Gärtner) und 20, 28, 36 (Abortus) trübten nicht. Die Stämme 30, 37, 39 (Abortus) hellten sich nach 1 bzw. 2 Tagen wieder auf.

Phloridzin wie auch Salicin, Arbutin und Amygdalin gaben mit einigen Stämmen eine auffallende silbergraue Verfärbung des Nährbodens, und zwar alle Glykoside bei Stamm 30 (Abortus):

Phloridzin, Salicin und Arbutin bei 16 (Coli). Phloridzin und Salicin bei Stamm 35 und 37 (Abortus). Phloridzin und Arbutin bei Stamm 40 (Para B) und 42 (Para A). Phloridzin und Amygdalin bei Stamm 41 (Typhus). Phloridzin bei Stamm 36 (Abortus). Salicin bei Stamm 39 (Abortus).

Gas wurde nur bei wenigen Stämmen gebildet, und zwar mit Salicin bei Stamm 16 (Coli), bei Stamm 39 (Abortus); mit Arbutin bei Stamm 16 (Coli), bei Stamm 40 (Para B), bei Stamm 42 (Para A); mit Iridin bei Stamm 40 (Para B), 41 (Typhus), 42 (Para A), bei Stamm 10 (Gärtner), 16 (Coli), 22, 23, 25, 29 (Abortus) Spur von Gas.

Mit Lackmuslösung konnten nur die Glykoside: Iridin, Salicin, Arbutin, Amygdalin angesetzt werden.

Mit Iridin zeigten die Stämme 3 (Ferkeltyphus), 9 (Kunzendorf), 24 (Abortus), 41 (Typhus) keine Veränderung.

Stamm 16 (Coli) war am 7. Tage aufgehellt. Die übrigen Stämme zeigten vom 1. bzw. 2. oder 3. Tage an gleichmäßig eine violette Färbung.

Mit Salicin zeigten die Stämme 30, 35, 37 (Abortus) durchgehend eine Rotfärbung; Stamm 3 (Ferkeltyphus) vom 4. Tage an eine violette Färbung; Stamm 16 (Coli) am 2. Tag violett, am 3., 4. und 5. Tag rote und darnach wieder Umschlag in violett. Die übrigen Stämme zeigten überhaupt keine Veränderung.

Mit Arbutin zeigte Stamm 1 (Mäusetyphus), Stamm 39 (Abortus) keine Veränderung, Stamm 3 (Ferkeltyphus), Stamm 10 (Gärtner), Stamm 20 (Abortus) eine violette Verfärbung, Stamm 16 (Coli), Stamm 30 und 36 (Abortus) eine durchgehende Rotfärbung.

Die übrigen Stämme zeigten nach einer anfänglichen violetten Verfärbung einen bleibenden Umschlag in Braun.

Mit Amygdalin zeigte Stamm 3 (Ferkeltyphus) eine dauernde violette Verfärbung, Stamm 30 (Abortus) eine dauernde Rotfärbung.

Die übrigen Stämme zeigten durchgehend eine grüne Farbe.

Beim Vergleich des einzelnen Stammes auf den verschiedenen Nährböden ergibt sich folgendes:

Stamm 1 (Mäusetyphus) zeigt bei Lackmuslösung nach *Seitz* ohne Serum ein umgekehrtes Verhalten wie bei Lackmuslösung mit Serum. Bei Arbutin mit Lackmuslösung zeigt er ein völlig abweichendes Verhalten gegenüber allen Para B-Stämmen mit Ausnahme von Par. Ab. 39. Arbutin ohne Lackmuslösung verfärbt er silbergrau.

Stamm 3 (Ferkeltyphus) zeigt in Lackmusmolke und *Seitz* ohne Serum ein anderes Verhalten wie in Lackmusmolke mit Serum, aber umgekehrt wie Stamm 1 (Mäusetyphus). Ähnlich wie er verhalten sich hierbei auch die Abortusstämme 20, 22 und 28. Bei Salicin und Amygdalin zeigt er ein allen Stämmen abweichendes Verhalten.

Stamm 9 (Kunzendorf) zeigt nur bei Iridin gemeinsam mit 3 (Ferkeltyphus) und 24 (Abortus) ein abweichendes Verhalten.

Stamm 10 (Gärtner) zeigt bei Apiin, Iridin, Arbutin jeweils jedoch mit anderen Stämmen zusammen ein von der Mehrzahl der Para B-Stämme abweichendes Verhalten, so daß eine Einordnung in eine bestimmte Gruppe nicht erfolgen kann.

Stamm 40 (Para B hominis) zeigt bei Phloridzin, Iridin und Arbutin ein abweichendes Verhalten. Vor allem vermag er bei Arbutin ebenso wie Para A, gegenüber allen Abortusstämmen Gas zu bilden.

Stamm 41 (Typhus hominis) bringt sich durch sein Verhalten bei Amygdalin mit dem Stamm 30 (Abortus) in eine Sonderstellung gegenüber allen im Versuch verwendeten Stämmen, die aber bei Verwendung von Iridin, wo er sich wie Stamm 3, 9 und 24 verhält, nicht eingehalten wird.

Stamm 42 (Para A) zeigt wie Stamm 40 (Para B) bei Arbutin ein gesondertes Verhalten den Abortusstämmen gegenüber.

Bei den Abortusstämmen tritt vor allem der Stamm 30 durch ein ganz gesondertes Verhalten in den Vordergrund. Mit ihm gemeinsam geht bei Phloridzin und Salicin der Stamm 35 bzw. 37, die sich jedoch wieder bei Arbutin von ihm trennen. Bei Arbutin vermag Stamm 30 und 36 gleich wie der Colistamm eine gesonderte Stellung durch gleiche Reaktion einzunehmen. — Ein gesondertes Verhalten zeigt auch Stamm 24 (Abortus) bei Lackmusmolke, das ebenfalls wieder bei der Prüfung mit Iridin hervortritt. — Ein mehr universelles Verhalten zeigen die Abortusstämme 27 und 31 dadurch, daß sie in allen Versuchen mit den meisten Stämmen gleich reagieren.

Diese Versuchsergebnisse lassen keine einheitliche Gruppierung der Abortusstämme zu, da der einzelne Stamm mit dem einen Glykosid reagiert, während er ein anderes nicht zu beeinflussen vermag, das wiederum von einem anderen Stamme angegriffen wird.

Eindeutig hebt sich aus allen Versuchsreihen der Stamm 3 (Ferkeltyphus) hervor, der in mehreren Reihen eine alleinige deutliche Unterscheidung von allen Paratyphaceen erkennen läßt. Auch dem Mäusetyphus (1) kann eine gewisse Sonderstellung zugesprochen werden. Paratyphus B hominis und Paratyphus A trennen sich von den anderen Paratyphaceen deutlich durch ihre Gasbildung bei Verwendung von Arbutin, die sie mit dem Colistamm gemeinsam haben.

Unter den Abortusstämmen nimmt der Stamm 30 eine besondere Stellung ein durch sein fast regelmäßig abweichendes Verhalten.

Um eine weitere Möglichkeit zur Differenzierung der einzelnen Stämme zu erhalten, wurde die Absättigung der agglutinierenden Seren versucht [*Castellani* (17)].

Es stand zur Verfügung ein Pferdeserum, das mit Abortusstämmen immunisiert worden war und mit Stamm 22 (Abort.) einen Agglutinationstiter von 1:20000 zeigte. Dieses Serum, das in den Tabellen den Namen „Greteserum" führt, wurde in Verdünnungen 1:100, 1:200, 1:400, 1:800, 1:1000, 1:2000, 1:4000, 1:8000, 1:10000, 1:20000 angesetzt und mit Testflüssigkeit von folgenden Stämmen beschickt: 1. Stamm 10 (Gärtner), 2. Stamm 29 (ab. equi), 3. Stamm 31 (ab. equi), 4. Stamm 40 (Para B hom.), 5. Stamm 41 (Typhus hom.), 6. Stamm 42 (Para A).

Die hierbei benötigte Testflüssigkeit wurde in den Vorversuchen so bestimmt, daß die gebrauchte Bakterienmenge in einer Verdünnung 1:100 sämtliche Agglutinine des zugehörigen Serums verbraucht hatte (z. B. eine Aufschwemmung Gärtnerbacillen in einer Verdünnung 1:100 Gärtnerserum).

Nach 3 Stunden wurden die betreffenden Bakterien durch scharfes Zentrifugieren entfernt und die Serumverdünnung mit einer Testflüssigkeit von Stamm 22 (ab. equi) beschickt.

Das Ergebnis war folgendes:

Greteserum 1:100—1:20000	agglutiniert bis:		agglutiniert bis:
Beschickt mit:			
10 Gärtner	200		10 000
29 (Abort)	20 000	Nach Abzentrifugieren der Bakterien versetzt mit Testflüssigkeit von Stamm 22 (Ab. equi)	400
31 (Abort)	20 000		800
40 Para B	800		1 000
41 Typh.	400		20 000
42 Para A	—		20 000
Kontrolle mit St. 22 (Abort)	—		20 000

Es hatten also die beiden Abortusstämme die Agglutinine fast vollständig absorbiert. Eine interessante Stellung nimmt bei diesem Versuche der Para B ein, der, obgleich er kaum agglutiniert wird, dennoch fast gleich wie ein Abortusstamm das Serum an Agglutininen verarmt.

Für den folgenden Versuch wurde der Gärtnerstamm und der Para B-Stamm benutzt, da sich beide in der obigen Versuchsreihe entgegengesetzt verhalten haben.

Die Abortusstämme 20, 22, 23, 24, 25, 26, 27, 28, 29, 30, 31, 32, 35, 36 und 37 wurden zunächst auf ihr agglutinatorisches Verhalten gegenüber dem zur Verfügung stehenden Serum geprüft.

Das Ergebnis war folgendes:

Stamm 20 wurde agglutiniert bis 20 000
,, 22 ,, ,, ,, 20 000
,, 23 ,, ,, ,, 20 000
,, 24 ,, ,, ,, 20 000
,, 25 ,, ,, ,, 2 000
,, 26 ,, ,, ,, 2 000
,, 27 ,, ,, ,, 2 000
,, 28 ,, ,, ,, 200
,, 29 ,, ,, ,, 20 000
,, 30 ,, ,, ,, 200
,, 31 ,, ,, ,, 20 000
,, 32 ,, ,, ,, 20 000
,, 35 ,, ,, ,, 20 000
,, 36 ,, ,, ,, 20 000
,, 37 ,, ,, ,, 20 000

Darauf wurde das Greteserum in den Verdünnungen 1:100 bis 1:20000 zunächst mit einer dichten Testflüssigkeit von Para B (40) bzw. Gärtner (10) 3 Stunden im Brutschranke belassen, dann zur Entfernung der Bakterien zentrifugiert und mit der Testflüssigkeit der einzelnen Stämme beschickt.

Das Ergebnis dieses Absättigungsversuches war (s. Tab.):

Stamm Nr.	Nach der Absättigung mit Gärtner	Para B
	wurde der Stamm agglutiniert bis:	
20	20 000	8 000
22	10 000	800
23	20 000	400
24	20 000	2 000
25	800	0
26	2 000	0
27	800	0
28	0	0
29	20 000	20 000
30	0	0
31	20 000	20 000
32	20 000	20 000
35	20 000	800
36	20 000	4 000
37	8 000	20 000

Durch Para B sind die Agglutinine für die Stämme 25, 26, 27, 28 und 30 vollständig erschöpft worden.

Sie zeigen in der vorausgegangenen Titerprüfung und in dieser Absättigungsprüfung ein fast ähnliches Verhalten wie ein reiner Para B, der trotz niedriger Agglutination dennoch fast sämtliche Agglutinine absorbiert hat.

Die Stämme 28 und 30 fallen überhaupt aus diesem Rahmen heraus, da sie schon an und für sich von dem verwendeten Serum kaum agglutiniert werden.

Dagegen zeigen die Stämme 20, 29, 31, 32 und 37 nach der Absättigung mit Para B noch den vollen Titer, so daß geschlossen werden darf, daß die Absättigung mit Para B eine Scheidung unter den Abortusstämmen in reine Para B (22, 23, 24, 25, 26, 27, 35 und 36) und in eigentliche Abortusstämme (20, 29, 31, 32 und 37) ermöglicht.

Zusammenfassung.

1. Durch Serumzusatz zur Lackmusmolke wird die Reaktion bei den Stämmen 3 (Ferkeltyphus), 20, 22 und 28 (Ab. equi) so verändert, daß kein vollständiger Umschlag in Blau oder daß, wie bei Stamm 1 (Typh. murium), 9 (Suipcstifer), 39 (Abort.), ein früherer Umschlag in Blau eintritt als mit Lackmuslösung ohne Serum. Eine einwandfreie Differenzierung durch den Serumzusatz ist dennoch nicht möglich.

2. Durch Glykoside läßt sich eine eindeutige Klassifizierung der Abortusstämme nicht herbeiführen.

Eine Sonderstellung gegenüber der ganzen Para B-Gruppe nimmt bei der Prüfung mit Glykosiden der Ferkeltyphus ein; desgleichen jedoch im beschränkteren Maße der Mäusetyphus. Bei Arbutin ist eine biochemische Sonderung des Paratyphus A und B durch die Gasbildung gegenüber allen anderen Paratyphaceen festzustellen.

3. Durch Absättigung eines hochagglutinierenden Abortusserums mit Paratyphus B-Bacillen lassen sich unter den Abortusstämmen 2 Klassen unterscheiden, von denen die eine dem Paratyphus B hominis nahe steht, die andere dagegen als zu den eigentlichen Paratyphus-Abortusstämmen zu rechnen ist.

Literaturverzeichnis.

[1]) *Hübener*, Fleischvergiftungen und Paratyphusinfektionen, ihre Entstehung und Verhütung. Fischer, Jena 1910. — [2]) *Weber* und *Händel*, Paratyphus und Para-ähnliche Bakterien mit besonderer Berücksichtigung ihrer Verbreitung in der Außenwelt und ihrer Beziehung zu Mensch und Tier. (Aus d. Kaiserl. Gesundheitsamt.) Berlin. klin. Wochenschr. 1912, Nr. 47. — [3]) *Standfuss*, Bakteriologische Fleischbeschau. Rich. Schötz, Berlin 1922. — [4]) *Uhlenhuth* und *Hübener*, zit. in Nr. 3 *Standfuss*. — [5]) *Baerthlein*, zit. in Nr. 3 *Standfuss*. — [6]) *Jensen, Hermann*, Bacterium paratyphi abortus equi und seine Beziehungen zur Coli-Typhusgruppe. Diss. Hannover 1917. — [7]) *Zeller, H.*, Differenzierungsversuche in der Paratyphus-Gärtner-Gruppe. Zeitschr. f. Infektionskrankh., parasitäre Krankh. u. Hyg. d. Haustiere 23, H. 3/4. 1922 u. 24, H. 1. 1922. — [8]) *Glander*, Beitrag zur Diagnose des Stutenabortus durch die Agglutinationsprüfung des Muttertieres. Dtsch. tierärztl. Wochenschr. 28. 1920. — [9]) *Gminder*, Untersuchungen über das Vorkommen von paratyphusähnlichen Bakterien beim Pferde und ihre Beziehungen zum seuchenhaften Abortus der Stuten. Arb. a. d. Kaiserl. Gesundheitsamte 52. 1920. — [10]) *Christiani, Wilh.*, Beitrag zur Biologie der Coli-Typhusgruppe mit besonderer Berücksichtigung des Bacillus paratyphi abortus equi. Diss. Berlin 1922. — [11]) *Giessel, Richard*, Gelingt es mit Hilfe hochwertiger Gläßer-, Voldagsen- oder Ferkeltyphusimmunsera Paratyphusbakterien von Mensch und Tier zu unter-

scheiden? Diss. Berlin 1920. — [12]) *Kolle-Wassermann*, Handbuch der pathogenen Mikroorganismen. Bd. II, S. 538. — [13]) *Fermi* und *Montesano*, Über die Dekomposition des Amygdalins durch Mikroorganismen. Zentralbl. f. Bakteriol., Parasitenk. u. Infektionskrankh., Abt. I, Orig. **15**. 1894. — [14]) *Van der Leck*, Aromabildende Bakterien in der Milch. Zentralbl. f. Bakteriol., Parasitenk. u. Infektionskrankh., Abt. II, **17**. 1907. — [15]) *Twort*, Die Vergärung von Glykosiden durch Bakterien aus der Typhus-Coli-Gruppe und der Erwerb neuer Vergärungsfähigkeiten seitens des Bac. dissenteriae und anderer Mikroorganismen. Zentralbl. f. Bakteriol., Parasitenk. u. Infektionskrankh., Abt. I, Ref. **40**. 1907. — [16]) *Castellani*, Die Agglutination bei gemischter Infektion und die Diagnose der letzteren. Zeitschr. f. Hyg. u. Infektionskrankh. **40**. 1902.

Das Pferd in der altgriechischen Kunst.

Von

Max Schnitki,
approb. Tierarzt aus Grabow a./O.

[Referent: Geh. Reg.-Rat Prof. Dr. *R. Schmaltz*.]

Das alte Griechenland mit seiner hochentwickelten Kunst ist für die gebildete Welt des ganzen Abendlandes bis auf den heutigen Tag der nie versiegende Born gewesen, aus dem die Kunst immer neu geschöpft hat. Die Kunst der Renaissance ist ohne die Kunst der alten Griechen nicht denkbar.

In großer Zahl hat der Grieche wundervolle Darstellungen von kräftigen Männergestalten und von herrlichen Frauenfiguren geschaffen.

Aber nicht nur in der Wiedergabe von Menschenbildnissen ist der Grieche groß gewesen, sondern er hat es auch verstanden, die verschiedensten Arten von Tieren zu bilden, z. B. die Kuh, den Stier, den Hund und die Schlange. Von ganz besonderem Interesse aber war bei den Griechen das Pferd, und so sehen wir dieses edelste der Haustiere auf fast allen Arten von Kunstdenkmälern der großen Kunst wie auch auf den Produkten des Kunstgewerbes dargestellt.

Bis heute besteht eine zusammenfassende Arbeit über die Darstellung des Pferdes in der altgriechischen Kunst noch nicht. Deshalb soll jene in den nachfolgenden Ausführungen behandelt werden.

Auch über die Pferdedarstellungen in der Kunst anderer Völker bestehen keine Arbeiten, mit Ausnahme der veterinärmedizinischen Dissertation von *M. Pfeiffer* (Berlin 1920) über das Pferd in der chinesischen Kunst und einer italienischen Arbeit über die vier Pferde an der Markuskirche zu Venedig.

Von der Malerei der alten Griechen ist uns so gut wie gar nichts erhalten, so daß vorliegende Arbeit sich nur mit den Darstellungen des Pferdes in Tempelskulpturen, an Sarkophagen und auf Tongefäßen (Vasen) beschäftigen kann.

Die räumliche Ausdehnung der griechischen Kunst umfaßt nicht nur das Mutterland Hellas, sondern auch die griechischen Kolonien, sowie Sizilien und Unteritalien.

Der Zeitabschnitt, der hier behandelt werden soll, erstreckt sich etwa vom Anfange des 1. Jahrtausends bis zur Regierung des Augustus.

Dieser lange Zeitraum bedeutet aber in der Kunst nichts Einheitliches, weshalb man ihn zweckmäßig in 3 Abschnitte gliedert:

1. in das Zeitalter der archaischen Kunst, vom Anfang des 1. Jahrtausends bis zu den Perserkriegen, d. h. bis zum Anfang des 5. Jahrhunderts;

2. in die Zeit von den Perserkriegen bis zum Tode Alexanders d. Gr. 323, in welche Zeit auch die Blüte der griechischen Kunst unter Pheidias fällt;

3. in das Zeitalter der hellenistischen Kunst, vom Tode Alexanders d. Gr. bis auf Augustus, den ersten römischen Kaiser.

Aus der großen Zahl der Pferdedarstellungen in der griechischen Kunst können nur die für eine bestimmte Zeit charakteristischen näher behandelt werden, da es darauf ankommt, den Fortschritt in der Darstellung des Pferdes kennen zu lernen.

I. Das Zeitalter der archaischen Kunst.

Daß das Pferd bei den Griechen der ältesten Zeit schon eine große Rolle gespielt hat, sehen wir in der Ilias aus den Beschreibungen über die Kämpfe von Troja.

Eine figürliche Darstellung des Pferdes haben wir in dieser Zeit und später nur in sehr primitiven Formen.

Wohl die ältesten uns erhaltenen figürlichen Pferdedarstellungen sind die in Olympia gefundenen Terrakotten und kleinen Bronzen, und zwar sind diese hauptsächlich bei den vom Deutschen Reich veranstalteten Ausgrabungen im Schutt des Heratempels, der als ältester griechischer Tempel angesehen wird, gefunden worden.

Die Terrakottafiguren der Pferde sind aus freier Hand geformt (geknetet). Deshalb zeigen die Figuren sämtlich einen walzenförmigen Rumpf mit säulenartigen, oben und unten gleichstarken Extremitäten. Die Augen sind durchweg, wenn sie überhaupt angegeben sind, als in den weichen Ton eingedrückte, einfache Kreise gebildet. Die Ohrmuschel ist klein und rund, der Kopf ist spitz und von der Stirn nach der Nase gerade zulaufend, die Mähne fehlt anfangs, später ist sie angedeutet.

Bei den Bronzen sind 2 Hauptrichtungen zu unterscheiden:
1. der Stil nach dem Vorbild der aus Ton gekneteten Tiere,
2. der Stil, der sich an denjenigen des gebogenen und gehämmerten Bleches anlehnt.

Bei vielen dieser Bronzefigürchen finden wir nicht einmal eine Andeutung der Maulöffnung, das männliche Geschlecht ist vereinzelt angegeben.

Die anatomische Darstellung dieser Figuren ist im wesentlichen die des Terrakottastiles.

Es handelt sich für diese älteste Kunstperiode nur um Kleinfunde, die aber den primitiven Charakter der Kunst besonders gut zeigen. Zeitlich fallen diese Erzeugnisse um das Jahr 800 v. Chr.

Aus dem 7. Jahrhundert haben wir ein gutes Beispiel höher entwickelter archaischer Kunst in Pferdedarstellungen an einem dorischen Tempel in Selinunt auf Sizilien, der uns in einer Metope ein Viergespann, von vorn gesehen, zeigt, und zwar, wie immer bei den Griechen, die 4 Pferde nebeneinander stehend. Das Gespann ist hier im Stande der Ruhe dargestellt, nur die Köpfe der beiden äußeren Pferde wenden sich nach außen, das einzige Bewegungsmotiv.

Die Köpfe sind auch hier kurz und gerade, der Hals ist massig, die Stellung der Beine ist zehenweit, eine scharfe Konturierung der Carpal- und Fesselgelenke fehlt, dagegen ist der Huf gut gebildet. Da die Pferde von vorn dargestellt werden, so sind nur die vorderen Extremitäten genau, der größte Teil des Rumpfes und die hinteren Extremitäten dagegen nicht deutlich zu sehen.

Aus dem 6. Jahrhundert haben wir ein sehr gutes Beispiel von Pferdedarstellungen in der sog. François-Vase, die ihren Namen von dem Finder erhalten hat und jetzt in Florenz aufbewahrt wird. Die Vase ist ein sog. Krater (Mischkrug) und dürfte in der Zeit um 570—560 hergestellt sein. Sogar die Namen der Künstler, Plitias und Ergotimos, sind bekannt. Die Darstellungen sind auf beiden Seiten der Vase in Streifen angeordnet. Auf der einen Seite beziehen sich alle Darstellungen auf Achilleus, auf der anderen auf Theseus. Hier interessiert nur der 2. und 3. Bildstreifen von oben auf der Seite der Darstellungen, die Achill betreffen. Der 2. Streifen stellt das Leichenwettrennen des Achill dar, der 3. Streifen zeigt eine große Prozession zur Feier der Hochzeit des Peleus mit Thetis, der Eltern Achills, in kleinen Rennwagen mit Zwei- und Viergespannen. Auf jedem Wagen steht ein Götterpaar oder 2 Göttinnen.

Die Pferde sind überaus schlank dargestellt, der Hals ist sehr lang, die Extremitäten sehr dünn und lang, der Leib ist hochgeschürzt, die Mähne und der Schweif sind gut dargestellt.

Die Pferde des 2. Streifens sind im Galopp, die des 3. Streifens in der Schrittbewegung dargestellt. Pferde im Trabe finden wir in der griechischen Kunst nur ganz selten und solche kommen für unsere Betrachtung nicht in Frage.

II. Die Zeit von den Perserkriegen bis zum Tode Alexanders d. Gr. 323.

Einen wesentlichen Fortschritt bedeutet die Kunst des 5. Jahrhunderts.

Für unsere Betrachtungen seien die hervorragendsten Baudenkmäler dieser Zeit, der Zeustempel zu Olympia und der Parthenon auf der Akropolis zu Athen herangezogen, ersterer ist vollendet worden 456, letzterer 432.

Für uns kommt beim Zeustempel zu Olympia in der Landschaft Elis der Ostgiebel dieses Tempels in Frage, in dem die Vorbereitung zu der Wettfahrt zwischen Pelops und Oenomaos, dem König von Elis, dargestellt ist. Der Inhalt dieser Darstellung war das mythische Vorbild aller Wagenrennen, die in Olympia abgehalten wurden. Im Ostgiebel finden wir 21 Figuren, davon 8 Pferdedarstellungen, und zwar je 4 zusammengehörig. Das Material, aus dem sämtliche Figuren hergestellt sind, ist Marmor. Die hinteren 3 Pferde sind jedesmal aus einem Block gehauen und die vordersten auch je aus einem Block, so daß also für die Darstellung der 8 Pferde im ganzen nur 4 Marmorblöcke notwendig waren.

Es ist für die hinteren 3 Pferde die Darstellung so erfolgt, daß ein einziger Körper mit 3 Köpfen und 12 Beinen gebildet ist. Da es eine Seitendarstellung ist, so wird der Körper der 3 hinteren Pferde jedesmal von dem davorstehenden in ganzer Form dargestellten Pferde verdeckt, die 3 hinteren Köpfe ragen jeder vor dem anderen etwas hervor.

Die Pferde sind dargestellt im Stande der Ruhe, eine in dieser Kunstperiode seltene Darstellungsweise, da die lebhafte Bewegung damals sehr beliebt war. Von den 2 Viergespannen hat je das vorderste Pferd ein Bein vorgesetzt, als ob es in die Schrittbewegung gehen wollte, die 3 hinteren Pferde bei beiden Gespannen sind ohne jedes Bewegungsmotiv.

Anatomisch betrachtet sind die Pferde klein, die Köpfe der danebenstehenden Personen überragen noch die Pferdeköpfe. Obwohl durch die Einzwängung der Figuren in den Giebel die Pferde etwas kleiner gehalten sein können als der Natur entspricht, so ist diese auffallende Kleinheit doch aus rein technischen Gründen nicht zu erklären, es muß wohl damals in Griechenland eine ponyartige Rasse vorherrschend oder die einzige gewesen sein.

Der Kopf der Pferde ist auch sehr klein; er ist gerade, von Stirn bis Nase ohne Curvatur. Die Augen sind klein, die Ohren sind so kurz, daß sie wie coupiert aussehen, die Mähnen sind kurz und federkammartig, der Hals ist kurz und dick, der Rumpf zeigt schon Bauchwölbung und ist nicht mehr so walzenförmig wie in der älteren Zeit. Der Schweif hat hier noch die Form eines Kuhschwanzes und erinnert an die primitiven Darstellungen der gefundenen Terrakotten. Die Beine sind gut modelliert, der Übergang vom Rumpf zu den Extremitäten ist gut.

Aus dem Vorhandensein von Bohrlöchern am Kopf ist zu schließen, daß Geschirr angebracht gewesen sein muß.

Die Originale dieser Giebelskulpturen befinden sich in Olympia, Gipsabgüsse von ihnen sind in Berlin.

Wie bereits erwähnt, sind die Originale aus Marmor, doch leider in stark beschädigtem Zustande bei den Ausgrabungen zutage gekomen.

Als Schöpfer der Skulpturen des Ostgiebels wird Alkamenes genannt.

Eine unvergleichlich höhere Stufe zeigen die Pferdedarstellungen am Cellafries des Tempels der Athene Parthenos auf der Akropolis zu Athen.

Dargestellt ist im Fries der Festzug zu Ehren der Göttin Athene, der alljährlich ein neues von athenischen Jungfrauen gewebtes Gewand (Peplos) auf die Akropolis gebracht wird. An dem Zuge nahm das ganze athenische Volk teil, und so sehen wir in ihm Greise, Männer, Jungfrauen und Jünglinge. Letztere sind meist mit Pferden dargestellt.

Wir können Pferde im Stande der Ruhe, in der Schrittbewegung und im Galopp, und zwar im sog. Kanter, der in dieser Zeit sehr beliebt war, sehen. Der Körper der Pferde ist klein wie in Olympia, obwohl es sich hier nicht um Giebelskulpturen, sondern um eine Friesdarstellung handelt, bei der eine Einzwängung nicht in Frage kommt.

Der Körper ist im allgemeinen sehr flächenhaft behandelt, der Kopf ist schmal, zeigt eine längliche Form und ist bedeutend besser und feiner gebildet als früher. Der Hals ist auch hier noch sehr massig. Eine breite, über den Hals herüberfallende Mähne, geflochtene Stirnlocke und hochgetragener Schweif sind charakteristisch. Die Mähne ist gerippt, nicht einfach rund modelliert wie früher.

Die Ohren sind klein, die Bildung der Augen zeigt eine ziemlich gleichartige Behandlung. In gleichmäßiger Wölbung tritt der Bulbus hervor, den die Augenlider als schmaler Ring umgeben.

Wenn man die ältere Darstellung der Augen, die entweder nur einfache Löcher darstellen und keinen Bulbus zeigen oder einen solchen zu stark hervortreten lassen, vergleicht mit denen der Parthenonpferde, so ist diese Darstellung ein beträchtlicher Fortschritt.

Ebensoweit ist aber auch der Abstand in der Behandlung der Mähne, die jetzt breit ist und deren Strähnen in fest eingerissenen eckigen Zickzacklinien straff emporstehen.

Die Muskeln sind modelliert, als ob sie ohne Haut auf der Oberfläche des Körpers lägen. Interessant sind die Angaben von Hautgefäßen, unter denen namentlich die Vena cephalica an der Innenfläche des Unterarmes charakteristisch hervortritt.

Sämtliche Pferde sind in Seitenansicht gegeben. Das Material ist Marmor. Die Originale der Friesskulpturen befinden sich zur Hälfte im britischen Museum zu London, ein Viertel ist in Athen und ein Viertel ist verlorengegangen. Der Erbauer des Parthenon ist Phidias, und von ihm oder seiner Schule stammen auch die Pferdefiguren.

III. Zeitalter der hellenistischen Kunst.

Bald nach Fertigstellung des Parthenon beginnt der peloponnesische Krieg, der 27 Jahre dauert und mit dem Sieg Spartas über Athen endigt. Die Kunst, deren Zentrum Athen war, stockt und erlebt erst zur Zeit Alexanders d. Gr. eine neue Blüte, die auch nach Alexanders Tode (323) und der Zertrümmerung seines Weltreiches durch die Diadochen bestehen bleibt, ja sich noch reicher entfaltet. Das Griechentum war kosmopolitisch geworden; man bezeichnet es jetzt als Hellenismus, der die ganze Zeit bis auf Augustus umfaßt.

Aus dieser Periode haben wir einige sehr schöne Sarkophage mit Pferdedarstellungen, an erster Stelle den marmornen sog. Alexandersarkophag, ein attisches Werk aus dem Ende des 4. Jahrhunderts, das sich jetzt in Konstantinopel befindet. Der Sarkophag zeigt auf der einen Langseite Kämpfe aus der Alexanderschlacht, auf der anderen Langseite die Darstellung einer Löwenjagd. Letztere Darstellung interessiert uns hier wegen der Pferde. 3 Reiter kämpfen gegen einen Löwen, der eine Pranke in die rechte Schulter des einen Pferdes eingekrallt hat.

Die 3 Pferde sind im Galopp pariert dargestellt, die hinteren Extremitäten sind stark untergestellt, so daß der Beschauer das Gefühl hat, die Pferde wollten hinten zusammenbrechen. Die Pferde sind in Seitenansicht gegeben. Die Körper sind massiger als in der früheren Zeit, besonders die Kruppe. Im übrigen zeigen die Darstellungen viel Ähnlichkeit mit den Pferden des Parthenonfrieses.

Die Anatomie des Rumpfes und der Extremitäten ist der Natur mehr genähert.

Aus derselben Zeit etwa wie der Alexandersarkophag ist der sog. Fuggersche Sarkophag, der sich eine Zeitlang im Besitze der Familie Fugger in Augsburg befunden und daher seinen Namen erhalten hat.

Es handelt sich auch hier um einen Marmorsarkophag, der sich jetzt im Kunsthistorischen Museum zu Wien befindet und tadellos erhalten ist. Mit Ausnahme der sidonischen Sarkophage in Konstantinopel ist der Fuggersche wohl der schönste aus der Antike auf uns überkommene. Auf ihm sind Kämpfe zwischen Griechen und Amazonen dargestellt, sowohl auf den Langseiten wie auch auf den Schmalseiten.

Auf den Langseiten, die beide wegen der Symmetrie dieselbe Darstellung zeigen, liegt in der Mitte ein verwundeter Grieche, den sein Genosse vor dem Hiebe einer Amazone schützt; rechts ist eine berittene

Amazone dargestellt, welche ihr Gegner beim Haare vom Pferde herunterzieht, links eine andere berittene Amazone, die das Doppelbeil gegen einen zurückweichenden Griechen schwingt.

Die Pferde zeigen größere Köpfe, auch ist der Leib nicht so massig wie bei denjenigen des Alexandersarkophages. Die Bewegung ist auch hier lebhaft und im beliebten Galopp, für den man sich bei diesen Kämpfen, da ein Grieche eine Amazone am Haare vom Pferde herunterzieht, nicht so recht erwärmen kann. Auf jeder Langseite sind 2 Pferde dargestellt, und zwar, wie meist, in Seitenansicht.

Sämtliche bisher behandelten Pferdedarstellungen waren mit Ausnahme des in Vorderansicht gegebenen Viergespanns auf einer Metope des schon bei der archaischen Kunst erwähnten Tempels in Selinunt auf Sizilien in Seitenansicht gegeben. Eine gute Darstellung eines Pferdes, von hinten gesehen, finden wir in der dritten Kunstperiode, wenn auch aus viel späterer Zeit, auf dem berühmten Mosaikbild, das in einem Hause zu Pompeji aufgedeckt worden ist, und das eine Alexanderschlacht darstellt, und zwar die Schlacht bei Issos. Das in der Mitte des Bildes vor dem Wagen des Darius, der sich zur Flucht wendet, stehende Pferd, das von einem Krieger, der es am Kopf festhält, am Entfliehen gehindert wird, ist von hinten dargestellt.

Es fällt zunächst in die Augen, daß die Körpergröße des Pferdes mehr der Natur entspricht, der erheblich zur Seite gebogene Kopf und ein Teil des Halses ragen noch über den Kopf des Kriegers hinaus. Die schwere, fast kreisrunde Kruppe deutet auf einen Pferdeschlag, der mit der alten ponyartigen Rasse nichts zu tun hat, vielmehr im Bau dem eines Belgiers ähnelt. Die hinteren Extremitäten sind gut angesetzt, die Sprunggelenke scharf konturiert. Das Pferd dreht den Hals in kühner Biegung nach rechts, während der Kopf wieder nach links gerichtet ist. Es liegt leidenschaftliche Erregung in dem Bilde des Pferdes, die nirgends im Altertum bei irgendeiner Pferdedarstellung erreicht, geschweige denn übertroffen wird. Die Zeit der Herstellung dieses berühmten, leider stark beschädigten Mosaikbildes ist auf das 2. Jahrhundert v. Chr. zu legen.

Das Kunstwerk ist erst 1831 in der Casa del fauno in Pompeji gefunden worden und befindet sich heute im Museo nazionale zu Neapel.

*

Bei den Darstellungen des Pferdes in den 3 großen Perioden griechischer Kunst, die oben auseinanderzusetzen versucht worden sind, fehlt eine Erscheinung, die erst jetzt erwähnt werden soll, da sie zweckmäßig im Zusammenhange mit ihrer Ursache behandelt wird.

Bei allen Pferden der griechischen Kunst, ja noch später in der Renaissance, beobachteten wir, daß das Maul unnatürlich weit aufgerissen wird.

Die Ursache dieser Erscheinung liegt in der Beschaffenheit des Gebisses, das man Trense oder Kandare nennen mag, da es die Eigenschaften beider in einer Form vereinigt.

Einige solcher Pferdegeschirre sind in dem Schutt der Akropolis gefunden worden. Ursprünglich waren es Weihungen für die Gottheiten, z. B. in Dodona, in Olympia und in Athen. Die älteste Trense, die im Schutt am Parthenon gefunden ist, war wahrscheinlich der Athena Hippia geweiht.

Die Trensen sind aus Bronze. Die Trense ist so gebaut, daß 2 mit Zacken versehene Walzen in der Mitte ringartig zusammenhängen und dadurch ein Ganzes bilden.

Es sind 2 im Grunde wenig voneinander abweichende Arten gefunden worden. Die Wirkung war wie heute Trense + Kandare.

Im Antiquarium des Berliner alten Museums finden sich 2 solcher Trensen griechischer Herkunft. Es ist natürlich, daß die Maulschleimhaut oft durch den Gebrauch dieser scharfen Trense verletzt wurde.

Die Anekdote, die von Apelles und anderen Malern erzählt wird, denen es nicht gelingen wollte, das Gemisch von Schaum und Blut darzustellen, das den Pferden vor dem Maule stand, ist auf eine tägliche Beobachtung zurückzuführen, daß die Trense den Pferden das Maul blutig riß. Soweit bekannt ist, hat kein Volk des Altertums eine annähernd so scharfe Trense im Gebrauch gehabt wie das griechische. Die Folge ist, daß in der griechischen Kunst Pferde auch in scharfer Bewegung unnatürlich herunterhängende Unterkiefer zeigen, z. B. auf einer Vase des Exekias, auf der die Pferde den Unterkiefer stark herunterhängen lassen.

Wie auf den Vasen, so ist es auch in der großen Kunst. Hier ist zwar alles maßvoller vorgetragen, aber wenn man die Reihe der Pferde des Parthenonfrieses an sich vorüberziehen läßt, so hat man auch hier den Eindruck des Gequälten und Unnatürlichen durch die Art, wie die Pferde das Maul aufsperren.

Diese Bildung des Pferdekopfes, wie sie im 5. und 4. Jahrhundert allgemein gewesen ist, hat sich auch auf die spätere Kunst übertragen.

Es gibt kaum ein größeres Reiterdenkmal der Renaissance oder noch späterer Zeit, an dem diese Erscheinung nicht zu beobachten wäre.

Mit der hellenistischen Epoche ist die griechische Kunst als solche zu Ende und beginnt die Kunst der Römer, die zum großen Teil eine Nachahmung der griechischen, zum Teil aber auch eine ganz andere Auffassung zeigt.

An Beispielen in den 3 großen Zeitabschnitten griechischer Kunst ist in vorliegender Arbeit in gedrängter Kürze die Entwicklung der Pferdedarstellungen besonders unter Berücksichtigung der anatomischen Auffassung gezeigt worden.

Vielleicht wäre es eine lohnende Aufgabe, die Pferdedarstellungen auch in der Kunst der Renaissance oder in der modernen Kunst einer Bearbeitung zu unterziehen.

Literaturverzeichnis.

[1]) Bildwerke von Olympia. G. Treu, Berlin 1897. — [2]) *Furtwaengler-Reichhold*, Meisterwerke griechischer Plastik. Berlin 1893. — [3]) *Buschor, E.*, Griechische Vasenmalerei. München 1913. — [4]) *Preller* und *Robert*, Griechische Mythologie. Berlin 1920. — [5]) *Brunn-Bruckmann*, Denkmäler griechischer und römischer Skulptur. München 1906. — [6]) *Reinach, S.*, Répertoire des vases peintes. Paris 1899. — [7]) Bulletin de correspondence hellénique 1890. — [8]) *Meyer, Eduard*, Geschichte des Altertums. Bd. III. Stuttgart u. Berlin 1913. — [9]) *Mau, August*, Pompeji im Leben der Kunst. Leipzig 1900. — [10]) *Reinach, S.*, Répertoire de la statuaire grecque et romaine. Patis 1897. — [11]) *Collignon, Maxime*, Histoire de la sculpture grecque. Paris 1892. — [12]) *Gerhard, Eduard*, Auserlesene Vasenbilder. Berlin 1843. — [13]) *Overbeck, J.*, Geschichte der griechischen Plastik. Leipzig 1893. — *Pfeiffer, Moritz*, Das Pferd in der chinesischen Kunst. Diss. Berlin 1920. — [15]) *Lübke, W.*, Geschichte der Plastik. Leipzig 1871. — [16]) *Pernice, E.*, Griechisches Pferdegeschirr. 56. Berliner Winkelmannsprogramm.

Die Noduli aggregati (Peyeri) bei den Fleischfressern.

Von

Alfred Arnsdorff,

approb. Tierarzt aus Zinten.

(Aus der Hauptsammelstelle der städtischen Fleischvernichtungsanstalt Berlin.)

[Referent: Geh. Reg.-Rat Prof. Dr. *Schmaltz*.]

Bei Sektionen von Fleischfressern wurden des öfteren Beobachtungen gemacht, die es wünschenswert erscheinen ließen, den Darm der Fleischfresser auf die Verbreitung der Noduli aggregati (Peyeri) zu untersuchen, zumal, abgesehen von spezielleren Angaben, die *Ellenberger* machte, der Literaturbefund betreffs dieses Gegenstandes recht dürftig ist. Zur Untersuchung kamen 18 Katzen und 28 Hunde. Während bei den Katzen nur das Alter berücksichtigt wurde, erstreckte sich die Untersuchung der Hunde auch auf Rasse und Geschlecht. Das Gesamtergebnis meiner Untersuchungen habe ich in 6 Tabellen zusammengestellt, die hier nicht mitgedruckt werden. Bei den Katzen (Tabelle I) sind ganz junge und ältere Tiere gewählt, um den etwaigen Einfluß des Lebensalters auf die Noduli aggregati festzustellen. Die jüngste Katze war 4 Wochen, die älteste 4 Jahre alt. Dazwischen kamen alle Altersstufen vor. *Die Zahl der Noduli aggregati schwankt zwischen 2 und* 8. Sie kann also wesentlich geringer sein, als die meisten Autoren angeben, und ein klein wenig höher, als die Literatur berichtet. Eine bestimmte Regel in bezug auf die Zahl der Noduli aggregati läßt sich nicht aufstellen. Eine 9 Monate alte Katze hat nur 2 Noduli aggregati, während der Darm der 6 Monate alten 8 solcher Knötchen aufweist. Eine 4jährige Katze hat 7 Peyersche Platten und eine 1jährige nur 3. Wenn man überhaupt von einem Einfluß des Lebensalters der Katze auf das Vorkommen der Noduli aggregati sprechen will, so könnte man höchstens sagen, *daß die jüngsten Tiere verhältnismäßig wenig Noduli aufweisen.* Unter den gezählten Platten befand sich immer die sogenannte *Endplatte* mit ihrer Lage *im Hüftdarm bis Ostium ileocoecale reichend.* Diese Endplatte hat nach *Martin* eine Ausdehnung von 5,8 cm, nach *Ellenberger* und *Baum* eine solche von 4,5—10 cm. Ich selbst habe bei der Katze Nr. 13, die nur 4 Wochen alt war, eine Endplatte gefunden, die sogar eine *Länge von* 11,5 *cm* hatte. Die nächstgrößere eines 1jährigen Tieres maß 10,4 cm. Darunter kommen die verschiedensten Größenmaße vor bis zum Mindestmaß von 5,4 cm.

Über die Breite der Endplatte enthält die Literatur keine Angaben. Sie schwankt nach meinen Feststellungen zwischen 0,5 und 1,4 cm. Die übrigen Platten haben eine außerordentlich wechselnde Größe und Gestalt. Die von *Ellenberger* angegebene Größe, 0,4—3,0 cm, kann ich im allgemeinen bestätigen. Die von mir gefundenen Maße lagen zwischen 0,6 und 3,15 cm. Die Breite der Platten schwankte zwischen 0,4 und 1,2 cm. Es gibt also, bei verhältnismäßig geringerer Länge ungewöhnlich breite Peyersche Platten bei der Katze. Was die Lage der Platten anbelangt, so *kann ich die allgemein vertretene Ansicht, daß die Noduli immer gegenüber der Mesenterialanheftung ihre Lage haben, durchaus nicht bestätigen.* Ganz besonders gilt dieses von der Endplatte, die meist an der Mesenterialanheftung beginnt, diese Lage fast immer beibehält und nur zuweilen nach der Mitte des Darmes sich hinzieht. Die übrigen Platten liegen zum Teil gegenüber, zum Teil an der Mesenterialanheftung. Eine bestimmte Regel läßt sich dafür nicht aufstellen. Die meisten Platten treten scharf über die Schleimhautoberfläche hervor, einzelne liegen aber unter dem Niveau der Schleimhaut. Eine deutlich wallartige Umwandung war zuweilen, aber nicht immer anzutreffen. Im Duodenum wurden in keinem Falle gehäufte Lymphknötchen gefunden. Hervorheben möchte ich endlich noch, daß bei ganz jugendlichen Tieren eine fast kümmerliche Entwicklung der Noduli aggregati auffiel.

In den tabellarischen Zusammenstellungen der *Hunde* sind Alter, Rasse und Geschlecht berücksichtigt. Die Schäferhunde in Tabelle II standen im Alter von 5 Monaten bis 14 Jahren. Hier ist augenfällig, *daß jugendliche Tiere im allgemeinen stärker mit Peyerschen Platten im Darm ausgestattet sind* als ältere Tiere. Der 5 Monate alte Hund hatte 28, der 14 Jahre alte nur 12 Noduli aggregati aufzuweisen. *Martin* gibt die Anzahl auf 20—22 ganz allgemein an. *Ellenberger* und *Baum* haben bei jungen Hunden 14—25, bei alten 11—21 Platten gefunden, also auch hier die Angabe, daß jugendliche Tiere besser mit Peyerschen Platten ausgestattet sind, als die älteren. Diese Feststellung läßt sich ganz gleichmäßig auch bei den anderen Rassen machen. Ein 10 Monate alter Dobermann hatte 26, ein 10 Jahre alter nur 10 Platten. Ein 6 Monate alter Terrier hatte 32, ein 8 Jahre alter nur 12 Platten. Ein 2 Jahre alter Spitz hatte 19, ein 15 Jahre alter nur 5 Platten. Ein 3 Monate alter Bastard hatte 26, ein 1 Jahr alter nur 22 Platten im Darme aufzuweisen.

Es bewegt sich also die von mir ermittelte *Zahl der Noduli aggregati bei den Hunden zwischen 5 und 32. Die jugendlichen Tiere haben die hohen, die älteren die niedrigeren Zahlen aufzuweisen.*

Die Zahlen, die sowohl *Ellenberger* und *Baum*, als auch *Martin* bringen, müssen nach dieser Richtung hin verbessert werden. Ganz allgemein finden wir dann die Angabe, daß die Hunde genau so wie die Katzen *eine große Endplatte im Hüftdarm* haben. Dieser Ansicht kann ich nach meinen Feststellungen *nicht* zustimmen. Bei den von mir untersuchten 28 Fällen kamen *nur in genau der Hälfte der Fälle* eine Endplatte vor, in den anderen 14 Fällen war sie nicht nachzuweisen. Augenscheinlich hat *das Alter einen maßgebenden Einfluß auf das Verschwinden dieser Platten. Nur zweimal fand sich diese Endplatte bei Tieren vor, die älter als 2 Jahre waren.* Im allgemeinen wiesen Tiere über 3 Jahre diese Platte nicht mehr auf, während sie bei jugendlichen Tieren nur ganz ausnahmsweise, unter unseren 28 Fällen 2mal, vermißt wurde. Was die *Länge der Endplatte* betrifft, so schwankt sie in weiten Grenzen, nämlich zwischen 7 und 29,5 cm. Eine Endplatte, die 40 cm lang war, habe ich nicht, andererseits eine Platte, die das bei *Ellenberger* angegebene geringste Maß (10,0 cm) nicht erreichte, auch nur einmal (mit 7 cm) gefunden; die nächstkleinste war 12,9 cm lang. Auch hier müssen also die Angaben der Autoren berichtigt werden. Was die Gestalt der Endplatten anbelangt, so konnte ich im allgemeinen feststellen, daß sie verhältnismäßig schmal an der Mesenterialanheftung beginnen, nach hinten immer breiter werden und sich nach der Mitte des Darmes hinziehen, um schließlich in den allermeisten Fällen das Darmlumen ganz auszufüllen. Es gibt Platten, die nur 0,6 cm breit sind und andere, die die ganze Fläche der Darmschleimhaut bis zu einer Breite von 4,4 cm bedecken. Im übrigen sind die Platten nicht, wie die Autoren fast übereinstimmend angeben, der Größe nach im Darmtraktus angeordnet. Es folgen vielmehr auf verhältnismäßig große auch ganz kleine Platten, auf diese wiederum mittlere und so fort, so daß von einer regelmäßigen Anordnung nach der Größe nicht gesprochen werden kann.

Über die Gestalt der Peyerschen Platten kann man wohl sagen, daß im Anfangsteil des Darmes am häufigsten runde oder fast runde Platten sich vorfinden, und daß im weiteren Verlauf des Darmes die Formen längsoval werden. In der Regel finden sich in den ersten 30—40 cm des Darmrohres eine große Zahl von Platten dicht gedrängt. Alle anderen liegen zerstreut im Darmtraktus, wobei zuweilen meterlange Darmstücke völlig frei von Platten sind.

Die Länge der Platten schwankt bei allen untersuchten Hunderassen in ziemlich weiten Grenzen. Wir finden bei Tieren derselben Rasse Platten, die nur 0,2 und andere, die 4,7 cm lang sind. Die kleinste ermittelte Platte hatte eine Längenausdehnung von 0,20 cm, die längste eine solche von 7,6 cm. Die Breite schwankt zwischen 0,2 und 3,7 cm. Von wenigen Ausnahmen abgesehen lagen alle Platten unter dem Niveau der Schleimhautoberfläche. Die allermeisten waren von einem deutlichen Schleimhautwall umgeben. Auch bei den Hunden muß ich hervorheben, daß die Lymphknötchenplatten *keineswegs regelmäßig gegenüber der Mesenterialanheftung* ihre Lage haben. Ein Einfluß des Geschlechtes auf die Entwicklung der Noduli aggregati konnte nicht festgestellt werden.

Die mikroskopische Messung der Lymphknötchen in den Platten ergab Schwankungen zwischen 134 und 84 μ in der Breite und 170 resp. 106 μ in der Länge. Zuweilen traf ich fast kreisrunde Knötchen, in anderen Fällen war die Gestalt mehr eiförmig, zuweilen spitz dreieckig. Ihre Basis war nach der Schleimhaut gerichtet. Allerdings wurden nur Platten mikroskopisch gemessen, bei denen man makroskopisch die Follikel nicht genau erkennen konnte. Es unterliegt aber keinem Zweifel, daß Lymphknötchen in den Platten vorkommen, die diese Maße wesentlich überschreiten. Die Präparate wurden in üblicher Weise nach Härtung in Formalin in Paraffin eingebettet und geschnitten. Die Färbung erfolgte mit Hämalaun-Eosin.

Vergrößerung Leitz Objektiv 3; Okular 0.

Literaturverzeichnis.

[1] *Chauveau-Arloing*, Anatomie comparée des animaux domestiques. Paris 1903. — [2] *Edelmann*, Lehrbuch der Fleischhygiene. 1907. — [3] *Ellenberger* und *Baum*, Handbuch der vergleichenden Anatomie der Haustiere. 14. Aufl. Berlin 1915. — *Ellenberger* und *Baum*, Systematische und topographische Anatomie des Hundes. Berlin 1891. — *Ellenberger* und *Baum*, Handbuch der vergleichenden miskroskopischen Anatomie der Haustiere. 1921. — *Ellenberger* und *Günther*, Histologie der Haustiere. 1908. — [4] *Gegenbauer*, Vergleichende Anatomie der Wirbeltiere. 1874. — [5] *Gurlt*, Vergleichende Anatomie der Haussäugetiere. 1860. — [6] *Leyh*, Handbuch der Anatomie der Haustiere. Stuttgart. — [7] *May*, Vergleichend-anatomische Untersuchungen der Lymphfollikelapparate des Darmes der Säugetiere. Zeitschr. f. Tiermed. 1905. — [8] *Ostertag*, Handbuch der Fleischbeschau. — [9] *Richter*, Untersuchungen über den mikroskopischen Bau der Lymphdrüsen vom Pferd, Schwein, Hund. Inaug.-Diss. Erlangen 1901. — [10] *Stöhr*, Lehrbuch der Histologie 1910. — [11] *Martin*, Lehrbuch der Anatomie der Haustiere. Stuttgart 1919. — [12] *Baum*, Zirkulationsapparat. In Ellenbergers Handbuch der vergleichenden mikroskopischen Anatomie der Haustiere. Bd. II. 1911. — [13] *Susdorf*, Lehrbuch der vergleichenden Anatomie der Haustiere. 1895.

Ein Schistosoma reflexum beim Kalbe
mit Bauch- und Beckenspaltung bei geschlossenem Thorax.

Von

Justus Barbarino,
approb. Tierarzt aus Kl.-Ulbersdorf.

(Aus dem Anatomischen Institut der Tierärztlichen Hochschule zu Berlin
[Direktor Geh. Reg.-Rat Prof. Dr. *R. Schmaltz*].)

[Referent: Geh. Reg.-Rat Prof. Dr. *Schmaltz*.]

Die „Spaltbildung", d. i. eine Nichtvereinigung paariger Anlagen, ist eine Bildungshemmung.

Den höchsten Grad der Spaltbildung in der ventralen Wand der Leibeshöhle stellt eine Mißbildung dar, welche als *Schistosoma reflexum* bezeichnet wird. Der damit behaftete Foetus kann zur vollen Reife entwickelt werden, ist aber nach der Geburt nicht lebensfähig und zeigt bei vollständiger Spaltung der Bauchwand und teilweiser oder vollständiger Spaltung der Brustwand, in mehreren Fällen auch des Beckens, stets eine hochgradige Verkrümmung der Wirbelsäule. An Stelle der normalen Rückenlinie zeigt sich eine tiefe Tasche, deren Auskleidung bei ausgetragenen Früchten die behaarte Haut bildet und deren äußere Wand von Bauch- und Brustfell überzogen ist, mit daranhängenden Bauch- und Brustorganen.

Das Schistosoma reflexum kommt bei Mensch und Tieren vor und findet sich unter letzteren vorwiegend beim Rind. Trotz zahlreicher Veröffentlichungen ist die Morphologie und Genese dieser Mißbildung noch ziemlich ungeklärt.

Bei der Schwergeburt einer Kuh im Februar vorigen Jahres gelang es mir, das im folgenden näher beschriebene, mißgebildete Kalb, welches bei der Geburt noch lebte, nach Abtrennung des seitlich umgeschlagenen Kopfes und Halses, subcutaner Auslösung der Vordergliedmaßen und Wendung des Restkörpers als Hinterendlage zu extrahieren. Die Kuh ist gesund geblieben und z. Zt. wieder trächtig.

Das Kalb hat ein Gewicht von 72 Pfund. Der nach dem Aussehen der Klauen, Zähne, Haare und nach dem Gewicht völlig entwickelte Foetus bietet einen merkwürdigen Anblick. Es macht den Eindruck, als wenn der Körper an der ventralen Seite vom Brustbein bis zum Becken gespalten und die Wirbelsäule durch diesen Spalt hindurchgedrückt wäre, so daß sämtliche Eingeweide des Bauches und Beckens frei zutage liegen. Die innere Wand der Bauchhöhle ist zur Oberfläche geworden, wie bei einem Gummiball, den man an einer Stelle aufgeschnitten und durch den Spalt einen Teil desselben umgestülpt hat.

Die Rückenwirbelsäule ist U-förmig gebogen und in ihrer Längsachse um ca. 90° nach rechts gedreht (Schistosomus contortus nach

Gurlt), so daß sich Kreuzbein und rechte Brustwand gegenüberstehen und beinahe berühren. Der Zwischenraum ist mit dem umgeschlagenen Kopf und Hals ausgefüllt gewesen, der bei der Geburt mit der Messerkette abgeschnitten worden ist.

Kopf, Hals und beide Vordergliedmaßen sind gut entwickelt. Die letzteren befinden sich in Beugestellung und bilden in den fast unbeweglichen Schulter-, Ellbogen-, Karpal- und Fesselgelenken Winkel von fast genau 90°. Die Hinterschenkel, in der Höhe der Sprunggelenke sich überkreuzend, sind in den Gelenken gleichfalls fast unbeweglich, die Kniegelenke in Beugestellung. Das rechte Hinterbein weist im Sprunggelenk eine starke Verkrüppelung und Verbiegung nach außen, im Fesselgelenk maximale Contractur und Verdrehung nach innen auf.

Beide Hintergliedmaßen sind um einen Winkel von je 135° nach oben umgeschlagen und kehren sich die lateralen Flächen zu, d. h. die Außenflächen derselben liegen innen, die Innenflächen außen.

Die Beckenfuge ist offen. Der Spalt hat eine Breite von 15 cm und ist vorn mit derbem Bindegewebe, hinten mit äußerer Haut überzogen. Eine eigentliche Beckenhöhle existiert nicht, es ist nur ein Querschlitz sichtbar, dessen Wände in der Tiefe miteinander und mit den Endabschnitten des Uterus, der Blase und des Mastdarms verwachsen sind.

Der Rücken des Kalbes liegt im Grunde einer tiefen Tasche, die von der rechten Brustwand und den Facies laterales der umgeschlagenen Hinterschenkel gebildet wird. An der tiefsten Stelle ist der verkrümmte und verdrehte, nur ca. 10 cm lange Schwanz sichtbar, auf dem der durch Embryotomie entfernte Kopf gelegen hat.

Die Kruppen- und Oberschenkelmuskulatur, besonders auf der (einwärts gekehrten) Facies lateralis, ist stark atrophisch.

Die rechte Brustwand, auf welcher der Kopf und der ganze hintere Körperteil gelastet und einen beständigen Druck ausgeübt hat, ist flach und ein wenig nach innen gebogen; die linke dagegen stark nach außen gewölbt.

Das Zwerchfell hat dementsprechend ungefähr die Form eines Halbmondes.

Bei dem mit größtem Kraftaufwand gemachten Versuch, die vordere und hintere Körperhälfte in die normale Lage zueinander zu bringen, bildet die Haut spannende Falten, besonders zwischen Widerrist und linkem Hinterschenkel.

Die ganze konkave Seite des U-förmig verbogenen Körpers und die Gliedmaßen sowie Kopf und Hals sind mit behaarter Haut überzogen. An der konvexen Seite reicht die Haut über Hals, Widerrist und einen Teil der Brust ungefähr bis zum 5. Brustwirbel und hört dort in einem scharfen hellrosaroten Rand auf (Hautamniongrenze). Dieser Rand, an dem behaarte Haut und Serosa aneinanderstoßen, zieht sich in einem Kreis von ca. 30 cm Durchmesser und einem Umfang von ca. 90 cm gegen die Schambeine hin und läßt die Eingeweide des Bauches und Beckens frei zutage treten.

Auf der linken Hälfte dieses Kreises ist das stark verdickte halbmondförmige Zwerchfell sichtbar. Durch dieses führt der wie eine platte Sehne sich anfühlende obliterierte Oesophagus in das mit einer gelben schleimigen Flüssigkeit gefüllte Magensystem. Die Vormägen und der Labmagen sind normal groß und normal gebildet, ebenso die Milz und die Därme. Das Gekröse derselben ist abnorm lang.

Auffallend verändert ist die Leber. Sie ist sehr groß und hat 3 durch tiefe Einschnitte voneinander getrennte Hauptlappen. Auf dem sehr großen Mittellappen sitzt ein wurstförmiger Processus papillaris und eine große dickwandige Gallenblase. Die Leber ist fast in ihrer ganzen Ausdehnung gleichmäßig dick, am scharfen Rand fast ebenso dick wie am stumpfen, und ist nur durch die Hohlvene mit dem Zwerchfall verbunden.

Der Mastdarm ist an seinem hinteren Ende flaschenförmig stark erweitert, mit Meconium prall gefüllt und endet blind. Es besteht Atresia recti et ani. Die Harnblase ist normal, der Uterus sehr klein; Eierstöcke sind nicht auffindbar.

Vulva und Mamillae sind vorhanden, letztere freilich durch die Spannung der Haut infolge der Dorsaldrehung der Hinterschenkel weit voneinander entfernt, auf den (nach außen gedrehten) Facies mediales der umgeschlagenen Hinterschenkel sitzend.

Die Nieren befinden sich in normaler Lage und Beschaffenheit auf der höchsten Stelle der Umstülpung, von Fett umgeben.

Das Bauchfell ist glatt, glänzend und durchscheinend. Das parietale Blatt desselben ist von gleicher Beschaffenheit und nur zum Teil vorhanden. Es geht von der Hautamniongrenze aus und bedeckt in einem Streifen von 20 cm Breite und einer Länge, die von der Gegend der Cartilago xiphoidea bis an die Kniefalte des umgeschlagenen rechten Hinterschenkels reicht, teilweise die Baucheingeweide. Ob sämtliche Eingeweide des Bauches von dieser Serosa umschlossen gewesen und der Serosasack erst bei der Geburt zerrissen worden, konnte nicht festgestellt werden, ist aber bei dem großen Umfang der Eingeweide unwahrscheinlich, zumal da sich im übrigen Verlauf der Hautamniongrenze keine Serosareste mehr nachweisen lassen.

Die Oberfläche des umgestülpten Rumpfes ist von glatter Serosa überzogen, die in der Gegend der Nieren durch darunter gelagertes Fett höckerig und uneben wird.

Die Lungen sind relativ klein mit links 3, rechts nur 2 flachen, dünnen Lappen. Das Herz zeigt keine Abweichungen vom Normalen.

Einer Zusammenstellung aller bisher veröffentlichten Fälle von Schistosoma reflexum, die ich meinem Falle beifügen möchte, muß ich vorausschicken, daß in der tierärztlichen Teratologie 2 Formen unterschieden werden, nämlich außer dem typischen Schistosoma reflexum (*Gurlt*) noch die Fissura abdominalis mit derselben Wirbelsäulenverkrümmung, aber ohne Brustspalte bzw. mit partieller Brustspalte. Um nachzuweisen, daß diese Gepflogenheit nicht der wissenschaftlichen Begründung entbehrt, müssen wir der Frage näher treten, ob zwischen den einzelnen Arten von Leibspaltungen ein Zusammenhang besteht und Übergangsformen vorkommen. *Stoss*[47]) hat diese Frage ganz entschieden verneint. Er ist der Ansicht, daß die Spaltungsmißbildungen, wenn auch morphologisch nahe verwandt, bezüglich ihres Bildungsmodus ganz verschiedenen Gruppen angehören und nie ineinander übergehen können: „Ein physiologischer Zusammenhang des Schistosoma reflexum mit Fissura ventralis derart, daß diese bis zu jener extremsten Ausbildung sich entwickeln könnte, besteht nicht. Hernia umbilicalis und Hernia funiculi sind Hemmungsbildungen, Schistocormus fissiventralis (*Gurlt*) entsteht durch Verwachsung der Eihäute, und Schistosoma reflexum ist wieder eine Hemmungsbildung, aber ganz verschieden von der der ersten Arten."

Schon *A. Förster*[13]) hat in zusammenfassender Darstellung gezeigt, daß sich von der typischen Form des Schistosoma reflexum, wie sie am besten von *Lucae* und *Gurlt* beschrieben ist, bis zu den leichtesten Formen der Bauchspalte, wie sie uns bei Nabelschnurbruch entgegentreten, alle möglichen Übergangsformen finden. Zahlreiche jüngere Forscher haben sich dieser Ansicht angeschlossen. Einige von *R. Halperin, Keller* und *Kermauner* beschriebenen Fälle sind nicht anders denn als Übergangsformen aufzufassen.

In der gesamten Literatur finden sich kaum 2 Fälle von Schistosoma reflexum, welche einander vollständig gleich sind. Der Unterschied ist oft sehr bedeutend und wird verursacht durch die Ausdehnung der Körperspaltung, die Krümmung der Wirbelsäule, die Beschaffenheit der Rippen, die Stellung, Länge und Verkrümmung der Gliedmaßen und die Begleitmißbildungen.

Schon eine vergleichende Betrachtung der von *Gurlt* gesammelten 28 Schistosomaskelette, die sich im Anatomischen Institut der Tierärztlichen Hochschule zu Berlin befinden, führt uns diese morphologischen Unterschiede und den gleichzeitigen Zusammenhang der Beziehungen zwischen Schistosoma typicum und der Fissura abdominalis klar vor Augen. Wir finden hier eine Reihe von Fällen, die entschieden als Übergangsformen aufzufassen sind.

I. Schistosoma reflexum typicum (= Brust-, Bauch- und Beckenspalte mit totaler Spaltung des Brustbeines).

1. (127.) Die linken und rechten Rippen sind dorsal umgeschlagen, die linken Rippen sind sämtlich verschmolzen.

2. (2609.) Die linken und rechten Rippen sind dorsal umgeschlagen, parallel zu den zum Teil verwachsenen Dornfortsätzen verlaufend (5, 6, 7 und 9, 10, 11, 12, 13).

II. Schistosoma reflexum typicum (= Brust- und Bauchspalte mit totaler Spaltung des Brustbeines).

3. (4655.) Die linken und rechten Rippen dorsal umgeschlagen, parallel zu den verwachsenen Dornfortsätzen verlaufend. Von den Halswirbeln nur Atlas und Epistropheus vorhanden.

4. (3637.) Die linken und rechten Rippen dorsal umgeschlagen. Links (2, 3, 4, 5, 6), rechts (1, 2, 3, 4, 5, 6, 7, 8). Beide rechten Gliedmaßen verkümmert, nur die linke Beckenhälfte vorhanden.

5. (4512.) Die linken und rechten Rippen dorsal umgeschlagen. Links (3, 4, 5, 6, 7). Alle Dornfortsätze verwachsen. Rechte Vordergliedmaße stark verkümmert, nur ca. 10 cm lang, mit relativ großer, gut entwickelter Hornklaue.

6. (3903.) Die linken und rechten Rippen dorsal umgeschlagen, die hinteren Dornfortsätze verschmolzen.

7. (2613.) Die linken und rechten Rippen dorsal umgeschlagen, Dornfortsätze zum Teil verwachsen; rechts (1, 2).

8. (2610.) Die linken und rechten Rippen dorsal umgeschlagen, Dornfortsätze zum Teil verwachsen. Rechts (1, 2, 3, 4, 5, 6, 7, 8, 9, 10), links (2, 3, 4).

9. (3247.) Die linken Rippen horizontal verbogen, die rechten dorsal umgeschlagen. 7 Dornfortsätze zu einer gebogenen Knochenplatte verschmolzen.

10. (2611.) Die linken Rippen gut entwickelt in normaler Stellung, die rechten dorsal umgeschlagen. Rechts (6, 7, 8, 9, 10). Rechte Scapula verkümmert.

III. Schistosoma reflexum partiale = partielle Brust- und Bauchspalte.

11. (3413.) Nur die erste linke und rechte Rippe am Sternum verbunden, alle anderen dorsal umgeschlagen. Rechts Scapula, Humerus und Radius rechtwinklig knöchern verwachsen. Aus dem verknöcherten Winkel von Radius und Humerus tritt ein verkümmerter 3. Vorderschenkel heraus.

12. (3461.) Nur die linke und rechte Rippe am Sternum, alle anderen dorsal umgeschlagen. Rechts (5, 6). Die Dornfortsätze verwachsen. Am linken Schulterblatt fehlt die Gelenkgrube. Das Schulterblatt ist eine dreieckige muldenförmige Knochenplatte mit einer Spitze an Stelle des Gelenkendes. Der linke Vorderschenkel ist durch die Brustspalte über den ungespaltenen vordersten Teil des Brustbeins hindurchgetreten.

13. (3489.) Nur die erste linke und rechte Rippe am Brustbein, alle anderen dorsal gerichtet.

14. (2136.) Nur die ersten zwei linken und rechten Rippen am Brustbein, die anderen fortlaufend dorsal aufsteigend. Die hinteren Dornfortsätze verwachsen.

15. (2137.) Nur die ersten zwei linken und rechten Rippen am Brustbein, die anderen fortlaufend dorsal aufsteigend. Links (5, 6, 7).

16. (6282.) Die ersten 3 linken und die ersten 4 rechten Rippen am Brustbein; die linken Rippen von der 8. an horizontal gebogen, die 9 letzten der rechten Seite dorsal umgeschlagen. Links (5, 6, 7).

17. (2971.) Nur die ersten 3 linken und rechten Rippen am Brustbein. Die linken von der 5. ab dorsal umgeschlagen (7, 8, 9, 10), die rechten Rippen von der 7. ab etwas seitlich verbogen. Lendenwirbelsäule um 90° nach rechts gedreht.

18. (3429.) Die linken Rippen gut entwickelt in normaler Stellung, rechts nur 3 Rippen am Brustbein (2, 3).

19. (4585.) Die linken Rippen 4—10 zu einer Knochenplatte verschmolzen, rechts als 14. Rippe ein 5 cm langer Fortsatz.

20. (3791.) Die linken Rippen ungleich lang, zum Teil verkümmert und verwachsen, die letzten dorsal umgeschlagen. Die rechten Rippen (4—13) sind horizontal gebogen. (Das ist nach *Gurlt* jener interessante Fall, bei welchem der Oesophagus von dem Magen, die Mägen unter sich und vom Zwölffingerdarm getrennt waren.)

21. (4513.) Die linken Rippen sind dorsal umgeschlagen (2, 3) und (4, 5, 6, 7, 8, 9), die rechten fortlaufend horizontal aufsteigend.

IV. Fissura ventralis = Bauchspaltungen, Brustbein geschlossen.

22. (3103.) Die linken Rippen in normaler Stellung, die letzten 5 rechten Rippen dorsal umgeschlagen. Die vorderen Gesichtsknochen nach rechts verbogen. Fissura pelvina.

23. (3488.) Die linken Rippen in normaler Stellung, die letzten 5 rechten nach oben umgebogen.

24. (2710.) Die linken Rippen von der 5. ab seit- und vorwärts umgebogen, die rechten (8, 9, 10, 11, 12, 13) sind dorsal über die Dornfortsätze umgeschlagen.

25. (3638.) Die linken letzten Rippen horizontal verbogen, die rechten von der 6. ab kranial umgeschlagen.

26. (2612.) Die letzten 5 Rippen der rechten Seite dorsal umgeschlagen, die linken in normaler Stellung.

27. (3636.) Die 6 letzten Rippen der linken Seite dorsal umgeschlagen (10, 11, 12), die rechten in normaler Stellung.

28. (1951.) Die Rippen in normaler Stellung, sämtliche Dornfortsätze verwachsen.

Über die Häufigkeit des Vorkommens von Schistosoma reflexum finden sich zahlreiche Mitteilungen in der Literatur vor. So berichtet *Tapken*[49]), daß er bei ca. 1000 Schwergeburten 10 mal Schistosoma gesehen habe. Nach *Löfmanns*[36]) auf eigenen Erfahrungen beruhender Schätzung wurde in 10% aller Fälle, wo bei einer Geburt Kunsthilfe notwendig war, das Geburtshindernis durch eine Mißbildung bedingt, wovon wieder die Hälfte, also 5%, unter den Begriff „Schistosoma reflexum" fiel. Diese „Schätzung" erscheint mir doch etwas übertrieben im Hinblick auf die genaue Statistik *Tapkens* (1%) und *Jöhnks* (0,4%). Immerhin kann, da auch *Bagge*[3]) 7 Fälle aus derselben Gegend erwähnt, eine lokale Besonderheit zugrunde gelegen haben. *Leisering*[32]) teilt mit, daß er in Dresden jedes Jahr ein Schistosoma sah. Auch der geburtshilflichen Klinik der Wiener Hochschule wird fast jedes Jahr ein Schistosomapräparat eingesandt [*Keller*[26])]. *Frank*[14]) gibt 31, *de Bruin* 39, *Saint Cyr* 11 und *Rieck*[43]) 18 Fälle an. *Hörner*[24]) erwähnt das Vorkommen von Schistosoma bei ein und derselben Kuh 2 Jahre hintereinander, *Jöhnk*[25]) gibt in einem Rückblick auf 1000 Geburten beim Rind 4 Fälle an, *Levens*[34]) zählt in seinen statistischen Mitteilungen 7 mal Schistosoma reflexum auf.

Im Museum von Utrecht befinden sich 13 Skelette, im Anatomischen Institut der Tierärztlichen Hochschule Berlin sind 28 Skelette und 16 Präparate, die alle von *Gurlt* gesammelt worden sind. *Gurlt* selbst beschreibt in seinem Lehrbuch noch 2 Fälle von *Cerutti* und 1 Fall von *Blumenthal* und erwähnt kurz 2 Fälle von *Hoffmann*, je 1 von *Hess* und *Meyer* und 1, der in Lyon gesehen wurde. *Stoss*[47]) beschreibt ausführliche Schistosoma reflexum (Fissura abdominis) bei sämtlichen 6 Föten einer trächtigen Katze. *Keller* und *Kermauner*[26]) schildern 4, *R. Halperin*[20]) 3 Fälle und *Lucae*[37]) beschreibt mit vorzüglichen Abbildungen seinen immer noch einzig dastehenden Fall von Schistosoma reflexum, welcher sich von den bekannten ganz besonders dadurch auszeichnet, daß die über den Rücken geschlagene Bauchhaut sich vollständig zu einem Sack vereinigt, dessen eine Hälfte die umgestülpte Brust- und Bauchhöhle und dessen andere Hälfte die von diesen sich fortsetzende umgeschlagene Körperhaut samt Kopf, Hals und Gliedmaßen darstellt.

Hierzu kommt noch eine große Anzahl von Einzelfällen, die ich in der Literatur gesammelt habe, und zwar von:

Fleming[12]), *Eck*[9]), *Anacker*[2]), *Blanc*[4]), *Esveld*[11]), *Guinard* und *Page*[17]), *Löfmann*[35]), *Oestby*[41]), *Kreutzer*[31]), *Koch*[29]), *Walley*[51]), *Wöhner*[52]), *Strebel*[48]), *Morway*[40]), *Kreinberg*[30]), *Göhre*[16]), *Dreisörner*[7]), *Eisenbarth*[10]), *Kircher*[27]), *Leistner*[33]), *de Bruin*[5]). *Heidrich*[21]), *Mengel*[39]), *Dun*[8]), *Rabaschowski*[42]), *Schubert*[45]), *Alias*[1]), *Gattermann*[15]), *Schwab*[46]), *Schöttler*[44]), *Vogel*[50]), *Garbe-Rieck*[54]).

Schließlich sei noch der von mir beschriebene Fall aufgezählt und ein Schistosoma reflexum eines 15 Wochen alten Pferdefoetus, welches vor einiger Zeit in das Anatomische Institut der Berliner Hochschule eingeliefert worden ist. Dieses ist nach den beiden von *Gurlt* erwähnten Fällen und den Einzelfällen von *Löfmann* und *Schöttler* das 5. beim Pferde beobachtete Schistosoma reflexum und zeichnet sich ganz besonders dadurch aus, daß es außer einer Bauchspaltung noch eine durch Hautüberzug verdeckte Fissura sterni aufweist.

Die Verteilung von Schistosoma reflexum auf die einzelnen Haustiere ist aus der folgenden Tabelle ersichtlich, zu der ich alle in der Literatur des 19. und 20. Jahrhunderts erwähnten und beschriebenen Fälle herangezogen habe.

Pferd	Rind	Schaf	Ziege	Schwein	Hund	Katze
5	221	9	6	—	2	1 (6)

Da von den Fällen in der 2. und 4. Rubrik der vorstehenden Tabelle ein Teil nur sehr kurz beschrieben, nur aus geburtshilflichem Interesse oder zu statistischen Zwecken veröffentlicht worden ist, kommen für die nächste Tabelle nur die Fälle in Betracht, aus deren Beschreibung mit Sicherheit festzustellen war, um welche Art der Leibspaltung es sich handelt.

	Pferd	Rind	Schaf	Ziege	Schwein	Hund	Katze
Gesamtzahl	5	72	9	5	—	2	1 (6)
Brust- und Bauchspalte .	4	43	7	4	—	—	—
Brust-Bauch-Becken-Spalte	—	6	—	1	—	—	—
Bauchspalte	1	21	2	—	—	2	1 (6)*)
Bauch- und Beckenspalte.	—	2	—	—	—	—	—

*) Der einzige bei der Katze festgestellte Fall, bei dem alle 6 Föten mißgestaltet waren.

Literaturverzeichnis.

[1] *Alias*, Ein Fall von Schistosoma reflexum. Tierärztl. Rundschau 1920, S. 33. — [2] *Anacker*, Kalbsmißgeburt. Der Tierarzt 1876, S. 3. — [3] *Bagge*, Kalbsmißgeburten. Kanstatts Jahresber. 1862. S. 15. — [4] *Blanc*, Transformation cutanée de l'amnios... Journ. de méd. vét. de Lyon 1892, S. 416. — [5] *de Bruin*, Die Geburt eines Schistosoma reflexum. Berlin. tierärztl. Wochenschr. 1905, S. 25. — [6] *Dareste*, Rech. sur la product. artific. des monstres. 2. Aufl. — [7] *Dreisörner*, Embryotomie eines Schistosoma reflexum beim Rind. Dtsch. tierärztl. Wochenschr. 1909, S. 149. — [8] *Dun*, Schistosoma reflexum mit Apodie beim Kalb. Münch. tierärztl. Wochenschr. 1912, S. 681. — [9] *Eck*, Schistosomus fissiventralis. Magazin f. d. ges. Tierheilk. **65**, 234. — [10] *Eisenbarth*, Ein Fall von Schistosoma reflexum. Wochenschr. f. Tierheilk. 1908, S. 360. — [11] *van Esveld*, Schistosoma reflexum beim Lamm. Tijdschr. v. Veeartsk. **15**, 172. 1888. — [12] *Fleming*, Schistosomus scoliosus beim Kalb. Magazin f. d. ges. Tierheilk. 1850, S. 479. — [13] *Foerster*, Die Mißbildungen der Menschen. 2. Ausg. Jena 1865. — [14] *Frank*, Handbuch der tierärztlichen Geburtshilfe. — [15] *Gattermann*, Ein weiterer Fall von Schistosoma reflexum. Tierärztl. Rundschau 1920, S. 85. — [16] *Göhre*, Schistosoma reflexum. Ber. üb. d. Vet.-Wesen in Sachsen 1904, S. 81. — [17] *Guinard* et *Page*, Un cas de Dystocie par Monstruosité du foetus. Journ. de méd. vét. 1892, S. 654. — [18] *Gurlt*, Über tierische Mißgeburten. Berlin 1877. — [19] *Gurlt*, Lehrbuch der pathologischen Anatomie der Haussäugetiere. Berlin 1832. — [20] *Halperin*, Die abnorme Krümmung der Wirbelsäule bei kongenitaler Spaltbildung der Leibeswand. Arch. f. wiss. u. prakt. Tierheilk. 1889, S. 48. — [21] *Heidrich*, Geburtshilfe bei Schistosoma reflexum. Dtsch. tierärztl. Wochenschr. 1912, S. 725. — [22] *Hermann*, Über Komplikationen bei Hernia funiculi umbilicalis. Inaug.-Diss. Würzburg 1875, S. 23. — [23] *His*, Anatomie menschlicher Embryonen. III. Leipzig 1885. — [24] *Hörner*, Schistosoma reflexum. Dtsch. Zeitschr. f. Tiermed. **16**, 294. 1890. — [25] *Jöhnk*, Ein Rückblick über 1000 Geburten beim Rind. Monatsh. f. prakt. Tierheilk. **31**, 289. 1920. — [26] *Keller* und *Kermauner*, Zur Anatomie und Genese des Schistosoma reflexum. Arch. f. wiss. u. prakt. Tierheilk. **46**, 140. 1920. — [27] *Kircher*, Schistosoma reflexum beim Rind. Wochenschr. f. Tierheilk. u. Viehzucht 1907, S. 502. — [28] *Kitt*, Lehrbuch der pathologischen Anatomie der Haustiere. Bd. I. Stuttgart 1905. — [29] *Koch*, Schistosoma reflexum bei der Zwillingsgeburt einer Kuh. Berlin. tierärztl. Wochenschr. 1892, S. 327. — [30] *Kreinberg*, Schistosoma reflexum. Berlin. tierärztl. Wochenschr. 1904, S. 381. — [31] *Kreutzer*, Schistosoma reflexum bei einer Ziege. Wochenschr. f. Tierheilk. u. Viehzucht 1894, S. 316. — [32] *Leisering*, Cannstatts Jahresber. d. ges. Med. 1868, S. 574. — [33] *Leistner*, Schistosoma reflexum. Berlin. tierärztl. Wochenschr. 1912, S. 880. — [34] *Levens*, Statistische Mitteilungen aus der geburtshilflichen Praxis in den Jahren 1912—1922. Tierärztl. Mitt. 1923, Nr. 10 u. 11. — [35] *Löfmann*, Schwergeburt (Schistosoma reflexum) bei einer Stute. Wochenschr. f. Tierheilk. u. Viehzucht 1889, S. 133. — [36] *Löfmann*, Einige bei Rindern beobachtete Fälle von Schistosoma reflexum. Finsk Veterinärtidsskrift 1889, H. 4. — [37] *Lucae*, Über Schistosoma reflexum (Gurlt). Frankfurt 1863. — [38] *Meckel*, Handbuch der pathologischen Anatomie. Bd. I. Leipzig 1812. — [39] *Mengel*, Schistosoma reflexum. Berlin. tierärztl. Wochenschrift 1910, S. 726. — [40] *Morway*, Über eine seltene Mißgeburt. Berlin. tierärztl. Wochenschr. 1904, S. 381. — [41] *Oestby*, Ein Fall von Schistosoma reflexum beim Kalbe. Norsk Veterinärtidskrift **12**, 116. — [42] *Rabaschowski*, Ein Fall von Schistosoma reflexum beim Kalb. Tierärztl. Rundschau 1916, S. 201. — [43] *Rieck*, Vier Beiträge zur Lehre von den tierischen Mißbildungen. Rev. f. Tierheilk. 1887, Nr. 1, 2 u. 3. — [44] *Schöttler*, Schwergeburt infolge Schistosoma reflexum bei einer Stute. Berlin. tierärztl. Wochenschr. 1922, S. 492. — [45] *Schubert*, Schistosoma

reflexum. Wien. tierärztl. Monatsschr. 1918, S. 340. — [46]) *Schwab*, Über einen Fall von Schistosoma reflexum bei einer Ziege. Münch. tierärztl. Wochenschr. 1922, S. 767. — [47]) *Stoss*, Fissura abdominalis bei sämtlichen Foeten einer trächtigen Katze. Dtsch. Zeitschr. f. Tiermed. **18**, 44. 1892. — [48]) *Strebel*, Ein Schistosoma reflexum. Schweiz. Arch. f. Tierheilk. 1890, S. 162. — [49]) *Tapken*, Die Praxis des Tierarztes. 2. Aufl. Berlin 1919. — [50]) *Vogel*, Über eine seltene Mißgeburt. Berlin. tierärztl. Wochenschr. 1904, S. 701. — [51]) *Walley*, Foetal monstrosities. Journ. of comp. pathol. a. therap. **5**, 74. 1892. — [52]) *Wöhner*, Schistosoma reflexum. Wochenschr. f. Tierheilk. u. Viehzucht 1897, S. 143. — [53]) Beitr. z. pathol. Anat. u. z. allg. Pathol. **65**. 1919. — [54]) *Garbe-Rieck*, Schistosoma reflexum bei der Kuh (persönliche Mitteilung). (Wird in der 3. Aufl. von: *Lindhorst* und *Drahn*, Praktikum der tierärztlichen Geburtshilfe, abgebildet.)

(Aus dem Hygienischen Institut der Universität Köln [Direktor: Professor Dr. *Reiner Müller*].)

Zur Kenntnis der Schleimhautbakterien und Oscillarien des Geflügels.

Von

Leo Dannenberg,

Tierarzt in Köln.

(Referent: Geh. Med.-Rat Prof. Dr. *Frosch*.)

Die Untersuchungen erstreckten sich auf die Schnabelhöhle, Magen und Darm und Eileiter. Nur solche Bakterien sind berücksichtigt worden, die mit einer gewissen Regelmäßigkeit und nicht gar zu vereinzelt bei einer gewissen Geflügelart oder beim Geflügel überhaupt vorgefunden werden.

I. Oscillarien, Spirillen und Koryne-Bakterien der Schnabelhöhle.

1. *Oscillarien* sind im Rachenschleime von Hühnern und im Mundspeichel des Menschen zuerst von *Reiner Müller* gesehen und 1911 unter der vorläufigen Bezeichnung „Scheibenbakterien" kurz beschrieben worden. Bisherige Literatur bei *H. Simons*[17]). Eine neuere Arbeit von *B. Fellinger* befaßt sich mit den Mundoscillarien des Menschen.

Die auch von mir häufig gefundenen Oscillarien des Hühnerrachens waren mikroskopisch untereinander gleich, und ich rechne sie alle zu der von *G. Schmidt* 1922 als besondere Art abgetrennten Simonsiella filiformis (vgl. *Simons* l. c.).

Bei der Suche nach diesen Oscillarien hat sich auch mir die von *Reiner Müller* vorgeschlagene einfache Färbung mit *Löffler*schem Methylenblau durchaus bewährt. Die lufttrockenen Ausstrichpräparate wurden über der Flamme fixiert und 1—2 Minuten kalt gefärbt. Schon bei dieser einfachen Färbung tritt die charakteristische Gliederung in scheibenartige Segmente, die meist Körnchen im Innern zeigen, deutlich hervor, zumal in einem solchen Rachenschleime nicht so viele andere Mikroben, wie etwa beim Darminhalt, das mikroskopische Bild beeinträchtigen. Die Oscillarien sind grammnegativ. Fuchsin-, Gentianaviolett- oder andere einfache Färbung brachte mir keine Vorteile gegenüber der Methylenblaufärbung. Dagegen zeigte die *Neisser*sche Körnchenfärbung, die für die Untersuchung der *Löffler*schen Diphtheriebakterien benutzt wird, meist besonders schöne Bilder. Ich bediente mich folgender im Kölner Hygienischen Institut gebräuchlichen Modifikation dieser *Neisser*-Färbung: 5 Minuten lang Färbung mit Borax-Methylenblau, nach Abspülen 3 Sek. Chrysoidin. Hierbei pflegen die Oscillarien nicht nur besonders deutlich sich aus der Umgebung abzuheben, sondern auch sehr klar ihre Gliederung und in den einzelnen Gliedern ihre Körnchen zu zeigen. Wegen der Einzelheiten der Untersuchung verweise ich auf die Arbeit von *B. Fellinger* über die menschliche Mundoscillarie Simonsiella Mülleri. Meine Versuche, die Simonsiella filiformis auf künstlichen Nährböden zu züchten, versagten. Ich versuchte bei 37° mit Blutagar und mit Näragar mit Mundspeichel; ferner mit Wasser bei Zimmertemperatur bei zerstreutem Tageslichte.

2. Auf das Vorkommen von *Spirillen* in der Schnabelhöhle des Huhnes wurde ich von Herrn Professor Dr. *Reiner Müller* hingewiesen. Ihm war 1906 in Kiel bei Untersuchungen über Geflügeldiphtherie aufgefallen, daß sowohl bei kranken als auch bei gesunden Hühnern in der Schnabelhöhle, insbesondere im Schleime vorne unter der Zunge, häufig echte Spirillen zu finden sind, die augenscheinlich als normale Schnabelhöhlen-Bewohner des Huhnes anzusprechen sind. Für diese Spirillen schlägt *Reiner Müller* den Namen Spirillum rostrorum vor. Durch Untersuchungen von Hühnern aus mehreren örtlich weit getrennten Geflügelzuchten kann ich die Häufigkeit des Vorkommens dieser Spirillen bestätigen. Auch ich muß annehmen, daß es sich nicht um einen Zufallsbefund von Spirillen handelt, die etwa mit Schmutzwasser oder dergleichen aus der Außenwelt nur vorübergehend dorthin gelangten. Bisweilen fand ich im zähen Zungenschleime von Hühnern so große Mengen dicht zusammenliegend, daß von einer kolonieartigen Vermehrung gesprochen werden konnte, während andere Mikroorganismen, die man etwa als Schmutzkeime hätte auffassen können, stets nur sehr spärlich in solchem Schleime zu sehen oder daraus zu züchten waren.

Die Spirillen sind mikroskopisch leicht zu finden, sei es daß man von dem Schleime unter der Zunge des Huhnes einen „hängenden Tropfen" untersucht, oder Ausstriche 1—2 Min. mit *Löffler*schem Methylenblau färbt. Im hängenden Tropfen ist die Gestalt der Spirillen am schönsten zu sehen als starre Korkzieherform von meist 2—3 Windungen. Sie bewegen sich, soweit der Speichel dünnflüssig genug ist, recht schnell rotierend gerade aus, einem Bohrer vergleichbar. Im Methylenblau-Präparat sind infolge der Fixierung die Windungen etwas abgeflacht, aber fast immer noch recht deutlich erkennbar. Wie bei manchen anderen echten Spirillen (vgl. Atlas der Bakteriologie von *Lehmann* und *Neumann*) färbt sich der Spirillenleib nicht gleichmäßig. Bei den Hühnerspirillen sind stets dunkelblaue Körnchen in der blasser blau gefärbten Spirale zu sehen. Bei schwacher Färbung mit Methylenblau sind die Spirillen selbst so blaß, daß man sie übersehen kann, während die Körnchen schon tiefblau erscheinen. Eine Züchtung dieser Hühnerspirillen auf den üblichen festen Agar- und flüssigen Bouillonnährböden ist mir nicht gelungen. Nur auf Blutagar erzielte ich sehr kleine, tröpfchenartige Kolonien, deren Weiterzüchtung aber mißlang. Die von mir im Schnabelschleim bei einer Bisamente beobachteten Spirillen zeigten in morphologischer Beziehung völlige Übereinstimmung mit den Hühnerspirillen.

3. Über das Vorkommen der *Korynebakterien*, also nach der Nomenklatur von *Lehmann* und *Neumann* Keime aus der Verwandtschaft des *Löffler*schen Diphtheriebacillus, berichtet *Reiner Müller* 1906. Mehrfach ist doch zu Unrecht behauptet worden, daß die Erreger der Menschendiphtherie, die *Löffler*schen Diphtheriebacillen, auch bei Geflügeldiphtherie vorkämen. Als bester Nährboden für die Züchtung der Korynebakterien hat sich auch mir der Blutagar mit 5% Hammelblut bewährt. Außer Blutagar habe ich regelmäßig für die unmittelbaren Aussaaten von den Schleimhäuten auch den *Drigalski-Conradi*schen Lackmus-Milchzucker-Agar, seltener den *Endo*schen Natriumsulfit-Fuchsin-Milchzucker-Agar benutzt, weil auf diesen Nährböden etwaige Säurebildung durch roten Farbenumschlag erkennbar ist. Bei Aussaaten von der Rachenschleimheit mancher Hühner, noch häufiger aber von der Augenbindehaut, wachsen auf Blutagar Kolonien, die nach einigen Tagen mehrere Millimeter Durchmesser erreichen. Bei Kulturen von der Augenbindehaut wachsen diese Kolonien bisweilen in Reinkultur, allerdings meist nur in mäßiger Zahl, da die geringe Flüssigkeitsmenge auf der Bindehaut nur in kaum sichtbaren Spuren an der entnehmenden Öse haftet. Das Charakteristische dieser Kolonien auf Blutagar ist, daß sie sich als dünne Häutchen, also ohne in der Mitte dicker zu werden, ausbreiten; dabei erscheinen die Kolonien nicht, wie die der meisten übrigen Bakterien, feucht glänzend, tröpfchenartig, sondern die weißliche oder gelbliche Oberfläche ist matt und trocken. Üppiger wachsen diese Bakterien auf dem bekannten Diphtherienährboden, dem *Löffler*-Serum. Hier sind nach mehreren Tagen die Einzelkolonien oft mehr als einen halben Zentimeter breit; die häutigen

Kolonien sind etwas dicker und meist etwas runzelig gefältelt. Um zu sehen, ob die von verschiedenen Tieren gezüchteten Stämme dieser trocken aussehenden Kolonien unter sich übereinstimmten, impfte ich je 6 Reinkulturen auf 2 *Löffler*-Serumplatten nebeneinander sektorenförmig. Diese, also unter genau den gleichen Bedingungen wachsenden Kulturen zeigten nun schon dem bloßen Auge trotz aller Ähnlichkeit sowohl in der Stärke des Wachstums, als auch in der Farbe Verschiedenheiten. Die Mehrzahl wuchs besonders üppig und hatte eine rahmiggelbliche Kolonienfarbe, andere sahen mehr weißlich aus. Leider war es mir wegen der bekannten Schwierigkeiten für Laboratoriumsarbeiten in jetziger Zeit nicht möglich, eine größere Zahl von Reinkulturen zur Differenzierung auf vielen Nährböden und in Tierversuchen zu prüfen, inwieweit es sich hier um abgrenzbare Arten oder nur um Varianten handeln könnte. Jedoch möchte ich annehmen, daß diese beim Huhne gefundene Gruppe von Bakterien der Diphtheriegruppe wohl zu den von *Graham Smith* 1904 beschriebenen, jetzt sogenannten Corynebacterium gallinarum und Corynebacterium cuculi gehören, die beide aus dem Rachenschleim von Hühnern bzw. von einem Kuckuck gezüchtet waren und sich als nicht pathogen erwiesen. Insbesondere passen die Angaben über das Corynebacterium gallinarum zu den auf *Löffler*-Serum gelblich wachsenden Stämmen. In Übereinstimmung mit diesen Angaben waren die von mir gefundenen Stäbchen auf *Löffler*-Serum lang, etwas gebogen und, wenigstens in mehrere Tage alten Kulturen, oft keulenförmig und etwas ungleichmäßig segmentiert färbbar, außerdem grampositiv. Auf Agar hatten sie ebenfalls ein graues, häutiges Wachstum, auf *Löffler*-Serum rahmartige Farbe mit unregelmäßigem Rande, in Nährbouillon keine gleichmäßige Trübung, sondern flockigen Bodensatz. Ich brachte Reinkulturen der Hühnerbakterien und der *Löffler*schen echten Diphtheriebakterien nebeneinander auf Blutagar und auf *Löffler*-Serum. Hierbei sieht das Wachstum so verschieden aus, daß bei einem solchen Vergleiche eine Verwechslung nicht gut möglich erscheint; dagegen zeigt, besonders auf *Löffler*-Serum, das mikroskopische Aussehen der Stäbchen eine ziemlich weitgehende Ähnlichkeit in Größe, Gestalt und Färbbarkeit. In Kulturen, die mehrere Tage alt waren, zeigte sich auch recht deutlich die kolbenförmige einseitige Verdickung der Stäbchen, auf welche sich die Bezeichnung Korynebakterien gründet. Auch die *Neisser*sche Körnchenfärbung ist bei den Hühnerstämmen ausgesprochen vorhanden, allerdings am schönsten nicht an ganz jungen, sondern zweitägigen Kulturen, sowohl auf *Löffler*-Serum, wie auf Blutagar. So könnte für einen Untersucher, der das charakteristische Aussehen der Kolonien und das Fehlen der Tierpathogenität nicht in Betracht zieht und sich nur auf die mikroskopische Untersuchung beschränkt, eine Verwechselung im Bereiche der Möglichkeit liegen.

Bei 20 Hennen wurden 14 mal Oscillarien und 10 mal Spirillen im Rachenschleim gefunden. Die Korynebakterien fanden sich weniger häufig im Rachenschleim, vorwiegend im Lidsack. Außerdem untersuchte ich noch 18 verschiedene Vogelarten, hauptsächlich aus dem Zoologischen Garten in Köln. Bei manchen dieser in Käfigen gehaltenen Vögel war die Rachenschleimhaut auffallend trocken und sehr keimarm. Immerhin wurden Oscillarien z. B. bei einem Pfau gefunden und Spirillen vom Aussehen der Hühnerspirillen bei einer Bisamente[1]).

II. Bakterien des Magendarmkanals und Oscillarien des Blinddarms.

Untersucht wurden: Drüsenmagen, Muskelmagen, Zwölffingerdarm, unterer Dünndarm, Blinddarm und Mastdarm. Nach steriler Eröffnung wurde mit steriler Platinöse etwas von dem Inhalte entnommen und Blut- bzw. *Drigalski*-Agar damit beimpft. Gleichzeitig färbte ich Ausstrichpräparate mit Methylenblau und nach Gram, beobachtete außerdem weiteres Ausstrichmaterial im hängenden Tropfen bei schwacher und starker Vergrößerung. Die Untersuchungen des Magendarmkanals ergaben ein ziemlich einheitliches Bild bei den verschiedenen Tieren.

1. *Der obere Abschnitt*: Drüsenmagen, Muskelmagen und Zwölffingerdarm enthalten recht wenig Mikroorganismen. Die im mikroskopischen Präparate in mäßiger Form zu sehenden Stäbchen sind durchweg grampositiv, unbeweglich, und wachsen auf dem gewöhnlichen Nährboden anscheinend nicht. Man darf wohl annehmen, daß es sich dabei, entsprechend dem Befund im Magen von Mensch und Säugetieren, um sogenannte acidophile Bakterien aus der Verwandtschaft des Milchsäurebakterium handelt. Daß in Aussaaten dieser Darmabschnitte auch Kolonien von sporentragenden Erdbacillen wachsen können, trotz der Einwirkung der Magensäure, ist verständlich, wenn man bedenkt, daß die Sporen dieser Erdbacillen zu den widerstandsfähigsten Lebewesen gehören. Wenn sie also mit beschmutztem Futter in den Magendarmkanal kommen, werden sie den Magen ungefährdet durchwandern können. Charakteristisch ist für diese oberen Magendarmabschnitte das Fehlen von Bacterium coli, welches erst, nicht einmal immer, im unteren Dünndarm auftrat, meist vergesellschaftet mit Kokken, die auf *Drigalski*-Agar Säurebildung, auf Blutagar grünliche Verfärbung zeigten. Derartige Kokken gehören wohl in die Gruppe des Streptococcus viridans (oder mitior), der auch im menschlichen Darm häufig gefunden wird.

2. *Der Blinddarm*, meist stark mit graugrünlichen Faeces angefüllt, bietet eine mikroskopisch sehr reichhaltige Flora. Besonders kennzeichnend sind die hier erstmalig festgestellten Oscillarien. Sie kommen so gut wie immer in so großer Zahl vor, daß man daran denken muß,

---

[1]) Auf die Wiedergabe der tabellarischen Übersicht der von mir untersuchten Vögel muß ich wegen Raummangels verzichten.

daß ihnen vielleicht eine gewisse physiologische Rolle im Blinddarm zukommt. Dieser Gedanke kam mir besonders, als ich bei einem einzigen Huhne keine solche Oscillarien fand. Dieses Tier war infolge Magen- und Darmkatarrhs eingegangen, und ich fand bei Prüfung mit Lackmuspapier, daß der Inhalt des Blinddarmes schwach, aber deutlich sauer reagierte, während bei einigen anderen der untersuchten Blinddärme der Inhalt eine schwach alkalische Reaktion aufwies. Dies würde also in Übereinstimmung stehen mit Befunden von *B. Fellinger*, welcher auch im menschlichen Blinddarm Oscillarien nur bei Leuten fand, deren Speichel schwach alkalisch reagierte. Die Oscillarien des Hühnerblinddarmes zeigen meist lange Fadenform, ihre Breite ist etwas ungleichmäßiger als bei den im Rachen der Hühner gefundenen; jedoch ließ sich nicht entscheiden, ob dieser Unterschied nicht einfach darauf beruht, daß die Oscillarien im verdauenden Blinddarm andere Lebensbedingungen vorfinden. Es wäre deshalb trotz einiger Gestaltsunterschiede vorläufig nicht angebracht, diese Blinddarmoscillarien des Geflügels als eine besondere Art anzusprechen und sie von der Simonsiella filiformis des Geflügelrachens zu trennen. In den gefärbten Ausstrichpräparaten von Blinddarminhalt hoben sich die Oscillarien meistens mit der *Neisser*chen Körnchenfärbung noch besser ab, als mit der einfachen Methylenblaufärbung. Die auf den Kulturen wachsenden Kolonien aus Blinddarminhalt zeigten vorwiegend, meist ausschließlich, Wachstum von Bacterium coli. Die Kultur liefert also in diesem Falle ein viel zu einseitiges Bild im Gegensatz zur mikroskopischen unmittelbaren Untersuchung.

3. *Im Mastdarm* herrschen sowohl mikroskopisch wie auch in den Kulturen Stäbchen vom Typus des Bacterium coli vor.

III. Untersuchung des Eileiters.

Bei Hennen wurde meistens auch der Endabschnitt des Eileiters, der sogenannte Eihalter, kulturell untersucht. Alle angelegten Kulturen mit Abstrichen von dieser Schleimhaut blieben völlig ohne Wachstum.

Da in neuerer Zeit von *Fleming* und *Allison*[5]) in Schleimhautsekreten, insbesondere aber auch im Eiweiß von frischen Hühnereiern ein bactericid wirkender Stoff beschrieben worden ist, das sogenannte „Lysozym", wurde etwas von der Schleimhaut eines solchen Eihalters abgekratzt und auf Blutagar und *Drigalski*-Agar strichweise aufgetragen. Senkrecht zu diesen Strichen wurden diese Kulturplatten dann mit Bacterium coli, Staphylokokkeneiter, Milzbrandbacillen und Pyocyaneus beimpft. Diese Impfstriche der verschiedenen Kulturen zeigten ein gleichmäßig gutes Wachstum, also keine Hemmung des Wachstums an den Stellen, wo das Eihaltersekret dem Nährboden anhaftete. So ist also wenigstens bei dieser Versuchsanordnung nichts von einer bakterientötenden Wirkung dieses Sekretes festzustellen.

Literaturverzeichnis.

[1] *Bakker, M.*, Tijdschr. voor vergelijkende geneesk. **7**, 82 1922. — [2] *Deich*, Sächsische Veterinärberichte 1904, S. 67 (zit. in Baumgartens Jahresberichten 1904). — [3] *Eijkman*, Virchows Arch. f. pathol. Anat. u. Physiol. **148**, 526. 1897. — [4] *Fellinger, B.*, Erscheint im Zentralbl. f. Bakteriol., Parasitenk. u. Infektionskrankh., Abt. I, Orig. 1924. — [5] *Fleming* und *Allison*, zit. nach Umschau 1923, H. 25, S. 396. — [6] *Graham-Smith*, Journ. of hyg. **4**, 314. 1904. Zit. in Bergeys Manual of Determinativ Bacteriology, Baltimore 1923, S. 387. — [7] *Holst, Axel* und *Fröhlich*, Zeitschr. f. Hyg. u. Infektionskrankh. **72**. 1912. — [8] *Kern*, Beitrag zur Kenntnis der im Darme und Magen der Vögel vorkommenden Bakterien. Arb. a. d. bakt. Inst. d. Techn. Hochschule Karlsruhe **1**. 1897. — [9] *Lehmann* und *Neumann*, Bakteriologische Diagnostik. — [10] *Morse*, Journ. of infect. dis. **9**, 253. 1912. Zit. in Bergeys Manual of Determinativ Bacteriology, Baltimore 1923, S. 384. — [11] *Müller, Reiner*, Münch. med. Wochenschr. 1911, S. 2247. — [12] *Müller, Reiner*, Zentralbl. f. Bakteriol., Parasitenk. u. Infektionskrank., Abt. I, Orig. **41**. — [13] *Rahner*, Bakt. Mitt. über die Darmbakterien der Hühner. Zentralbl. f. Bakteriol., Parasitenk. u. Infektionskrankh., Ab. I, Orig. **30**. — [14] *Rappin* und *Vanney*, Cpt. rend. des séances de la soc. de biol. **1**, 192. 1911 (ref. Hygienische Rundschau 1912). — [15] *Scheunert* und *Schieblich*, Über die Magendarmflora der Haustaube. Zentralbl. f. Bakteriol., Parasitenk. u. Infektionskrankh., Abt. I, Orig. **88**. 1922. — [16] *Schottelius*, Die Bedeutung der Darmbakterien für die Ernährung. Arch. f. Hyg. **34**, 210. — [17] *Simons, H.*, Saprophytische Oscillarien des Menschen und der Tiere. Zentralbl. f. Bakteriol., Parasitenk. u Infektionskrankh., Abt. I, Orig. **88**, 501. — [18] *Zürn*, Die Krankheiten des Hausgeflügels S. 127, 129. Weimar 1882.

MIX
Papier aus verantwortungsvollen Quellen
Paper from responsible sources
FSC® C105338

If you have any concerns about our products,
you can contact us on
ProductSafety@springernature.com

In case Publisher is established outside the EU,
the EU authorized representative is:
Springer Nature Customer Service Center GmbH
Europaplatz 3, 69115 Heidelberg, Germany

Printed by Libri Plureos GmbH
in Hamburg, Germany